天然ガス産業の挑戦
伸びゆく各国の動向とその展望

小島 直：専修大学
中村玲子：神奈川大学
西村伸吾：新日本石油株式会社
岩場 新：東京電力株式会社
五明亮輔：東京ガス株式会社
武石礼司：株式会社富士通総研
塚越正巳：コスモ石油株式会社

専修大学出版局

はじめに

　21世紀初頭の現在，世界的に天然ガス消費が増大しつつある。規制緩和の進展と国際経済のグローバル化によって様々な経済部門で競争が激化した結果，低コスト・エネルギーが求められ，同時に地球環境保全に相対的に適合的で，供給に安定性のあるエネルギーとして天然ガスが再評価されているからである。

　気体の天然ガスを利用するには輸送にネックがあったために，天然ガスの消費はアメリカ，ヨーロッパ，旧ソ連，日本などの特定地域に偏っていたが，現在では新興市場諸国，発展途上諸国などでも増えつつある。

　天然ガス産業における規制改革の法的手続きは各国ともに類似しているが，改革の進捗状況，改革後の市場構造は国ごとに相違している。しかし，規制改革の実施による競争の進展，供給コストの低下などによって世界各地の天然ガス市場はゆるやかに連動し，統合化し始めている。

　天然ガスの供給力は世界的に増大している。需要の増大を背景に，天然ガス産業の上流部門（探鉱，開発，生産）で投資が拡大しているからである。

　供給コストの低下には，天然ガス産業の上流部門，輸送部門，最終消費部門における顕著な技術進歩も大きく貢献している。まだ実用化に向けた開発段階にあるとは言え，天然ガスの利用技術としては燃料電池，GTLなど注目すべき技術開発が進みつつある。

　本書の第1章では世界の天然ガス産業の需給，政策動向などが総論的にまとめられている。第2章では世界の天然ガス産業の上流部門が考察されている。第3章から第6章ではアメリカ，ヨーロッパ，日本，アジアなど国別，地域別に天然ガス需給や政策動向が究明されている。第7章では天然ガスに関連する技術開発動向が分析されている。

　この世界の天然ガスに関する研究は，専修大学大学院経済学研究科修士課程

経済学専攻，政策科学専修（神田校舎夜間開講），国際エネルギー論のクラスで2001〜2002年度に掛けて行われた。その過程で，岡本　毅氏（東京ガス株式会社，常務執行役員），鈴木健雄氏（財団法人日本エネルギー経済研究所，第1研究部グループマネージャー），田部井保夫氏（新日本石油株式会社，新エネルギー本部FC事業部参事），鶴田俊正氏（専修大学経済学部教授），廣江　譲氏（関西電力株式会社，支配人兼企画室長），古澤　宏氏（東京電力株式会社，沼津支店支店長付部長），山縣英紀氏（財団法人日本エネルギー経済研究所第三研究部，主任研究員），Michael Lynch 氏（Strategic Energy & Economic Research, President）から貴重な情報や示唆をいただいた。また，本書の刊行に当たっては専修大学出版局森井直子氏のお手を煩わせた。これら，ご協力をいただいた皆様に深くお礼を申し上げる次第である。

　2004年2月

小島　直

目　次

はじめに

第1章　拡大期に入った世界の天然ガス産業

小島　直　1

第1節　世界の天然ガス消費　3

1．天然ガス消費の増大　3
2．主要国の消費動向　8

第2節　在来型天然ガス取引の課題　19

1．天然ガス市場の価格動向　19
2．長距離パイプライン取引　22
3．液化天然ガス（LNG）供給の非弾力性　29

第3節　天然ガス取引の改革　31

1．規制緩和，自由化による市場構造の変貌　31
2．パイプライン取引の弾力化　33
3．LNG貿易の弾力化　38

第2章　世界の天然ガス供給動向

中村玲子　49

第1節　天然ガスの埋蔵量　51

1．資源賦存状況　51
2．増加するガス埋蔵量　54

第2節　生産の歴史と現状　56

1．生産地の分布　56
2．地域別生産動向　58

第3節　天然ガスの新規開発動向　64

1．注目される新規ガス開発地域　64
2．具体化プロジェクト概要　73
3．プロジェクト具体化の条件　75

第4節　世界の天然ガス供給の展望　77

第3章　アメリカの天然ガス産業

西村伸吾　81

第1節　アメリカ天然ガス事情　83

1．需要の動向　83
2．供給の動向　86
3．産業・流通構造　87
4．価格構造　89

第2節　規制緩和の進展と構造改革　93

1．規制緩和以前の天然ガス産業　93
2．規制緩和・構造改革の進展　94
3．天然ガス産業の変革　97

4．規制緩和の現状　100

第3節　供給インフラの整備と長期見通し　101

　　1．パイプライン　101
　　2．LNGターミナル　102
　　3．長期見通し　104

第4章　ヨーロッパの天然ガス産業

　　　　　　　　　　　　　　　　　　　　　　岩場　新　111

第1節　ヨーロッパ天然ガス産業の発展　113

　　1．西ヨーロッパ　113
　　2．ロシア・東ヨーロッパ　115
　　3．天然ガス需要の動向　117

第2節　天然ガスの供給構造　119

　　1．供給ソース　119
　　2．ヨーロッパにおけるLNG　124
　　3．価格決定のメカニズム　125

第3節　規制緩和の動向　127

　　1．EUガス指令　127
　　2．EUガス指令後の動向　131
　　3．各国の規制緩和動向　133

第5章　日本の天然ガス産業

五明亮輔　143

第1節　日本における天然ガス利用の発展　145

1．天然ガス利用の歴史　145
2．国産天然ガスの利用拡大　145
3．LNGの導入　147
4．都市ガス分野での天然ガス利用　148
5．都市ガス産業の発展　149
6．電力分野での天然ガス利用　152

第2節　日本のガス産業構造の現状　156

1．日本のガス産業と産業構造　156
2．日本の幹線パイプライン　165

第3節　規制緩和と天然ガス　169

1．規制緩和の実証分析　169
2．天然ガス分野における規制緩和・改革　170
3．展望　175

第6章　アジアの天然ガス産業

武石礼司　179

第1節　アジアの天然ガス　181

1．アジア諸国のガス埋蔵量　181
2．天然ガスの輸出入　182

3．ガス需要予測　183

第2節　北東アジアの天然ガス　185

1．極東と東シベリア　185
2．中国　186
3．韓国　188
4．台湾　189

第3節　東南アジアの天然ガス　190

1．インドネシア　190
2．マレーシア　191
3．タイ　193
4．シンガポール　194
5．フィリピン　194
6．ブルネイ　195
7．ベトナム　195
8．ミャンマー　196

第4節　南アジアの天然ガス　196

1．インド　196
2．バングラデシュ　197
3．パキスタン　198

第5節　まとめと展望　198

1．アジア諸国における利用の展望　198
2．LNG取引の変化　199
3．天然ガス利用拡大のインパクト　201

第7章 天然ガス利用技術の進展

塚越正巳 205

第1節 天然ガス探査，開発 207

1．探査，開発技術の概要 207
2．探査，開発技術の進展 211

第2節 天然ガス輸送技術 215

1．ガス田商業化のオプション 215
2．パイプラインと建設に係わる規制 215
3．LNG 製造技術の進展 220

第3節 天然ガス利用技術 222

1．天然ガス発電技術の進展 222
2．コージェネレーションシステム（CGS） 226
3．天然ガス自動車 227

第4節 新たな天然ガス利用技術 228

1．液体燃料化技術（GTL：Gas to Liquid）の可能性 229
2．燃料電池の動向 235

むすび

〈付録〉天然ガスに関連する単位換算
執筆者紹介

装幀　向井　一貞

第1章
拡大期に入った世界の天然ガス産業
小島　直

第1節　世界の天然ガス消費

1．天然ガス消費の増大

　1973年と1979年の2度の石油危機時に石油価格が高騰した結果，石油代替エネルギーの利用が活発化し，石油，石炭，天然ガス，原子力，新規エネルギーなどの多様な1次エネルギーが消費されるようになる[1]。こうして，エネルギー・ミックスの時代が到来した，とも言われるようになった。しかし，1990年代以降，エネルギー供給安全保障，環境保全，規制緩和（競争原理の導入）と言う同時に解決し難い課題に直面するに至り，世界各国は1次エネルギーの選択を改めて問われている（IEA [2002a]，経済産業省 [2000]，矢島 [2002]）。

　1990～2000年における世界の1次エネルギー消費合計の年平均伸び率は1.5%であったが，天然ガス消費の年平均伸び率はそれを上回る2.3%となった。石油は1.3%，石炭は0.6%にとどまった（表1-1参照）。石油，石炭，天然ガスの主要炭化水素系1次エネルギーのなかで，天然ガス消費の伸びが相対的に大きいと言う傾向はすでに10年を経過しており，世界の1次エネルギー消費の特徴として定着化しつつある，と考えられる。

　ただし，2000年における世界の1次エネルギー消費合計に占める各1次エネルギーの割合を見ると，まだ石油が最大で38.3%であり，それに次ぐのが石炭の25.9%である。天然ガスの割合は23.2%で石炭の割合に近付いているが，現状では3番目である。原子力は7.5%，再生可能エネルギーなどのその他エネルギーは2.6%であるから，これらは世界的に見てまだ主要な1次エネルギーとは言えない（表1-1参照）。

　天然ガス消費と石炭消費の年平均伸び率の格差から判断して，世界の1次エネルギー消費に占める天然ガスの割合が石炭の割合を上回るのは時間の問題である，と IEA (International Energy Agency, 国際エネルギー機関) は判断している（IEA [2002b]）。天然ガス消費の歴史はとくに新しいわけではないが，天然

ガスは21世紀にいっそう重要な1次エネルギーになる，との認識が強まっているのである。

　歴史的に見れば天然ガス消費は特定地域に限られていたが，1990年代以降になると世界的に広がり始めた。1971年にはアメリカの天然ガス消費だけで世界の天然ガス消費の56.0％を占め，OECD北米では60.2％に達していた。それに大産ガス国である旧ソ連の21.2％，OECDヨーロッパの11.0％を加えると，この3大地域で世界の天然ガス消費の92.4％を占めていた。その後，この3大地域の消費割合は減少し，2001年にはOECD北米が28.9％で，そのうちアメリカが23.9％，旧ソ連が22.9％，OECDヨーロッパが19.3％となっており，これら3大地域合計の消費割合は71.1％にまで低下している（表1－2参照）。

　この3大地域に続く世界第4位の天然ガス消費割合は2001年では中東の8.2％であった。中東に次いでアジアの6.5％，日本を含むOECD太平洋の5.2％，ラテン・アメリカの4.1％，アフリカの2.6％，中国の1.2％となっており，天然ガスは世界的に広範な地域で消費されるようになった（表1－2参照）。

　こうした傾向を国別，地域別天然ガス消費の年平均伸び率で再確認しておくと，世界最大の天然ガス消費量を誇る北米では1978～2001年の長期で見ると0.7％，アメリカは0.4％でしかない（表1－2参照）。ただし，アメリカの天然ガス消費は1974年から1986年まで減少し，1987年から緩やかに増加しており，1986～2001年の年平均消費の伸び率は1.8％であった。アメリカでも天然ガス消費が再び注目されているのである（EIA/DOE [2002a]）。

　市場経済に移行する過程で経済が混乱したこともあって，1978～2001年における旧ソ連の天然ガス消費年平均伸び率も2.3％と世界合計の伸び率である2.7％を下回っている（表1－2参照）。1998～2001年についても同様であり，世界合計の年平均伸び率は2.8％であるのに，旧ソ連地域は1.3％にとどまっている。

　OECDヨーロッパでは1991～2000年平均の1次エネルギー消費伸び率は0.8％であった。それに対して，1978～2001年平均の天然ガス消費伸び率は

第1章 拡大期に入った世界の天然ガス産業

表1-1 世界の1次エネルギー消費動向

(石油換算100万トン、%)

	1971 消費量	1971 構成比	1973 消費量	1973 構成比	1973 伸び率	1980 消費量	1980 構成比	1980 伸び率	1990 消費量	1990 構成比	1990 伸び率	2000 消費量	2000 構成比	2000 伸び率
天然ガス	895	18.3	980	18.0	4.6	1,239	19.1	3.4	1,671	21.4	3.0	2,101	23.2	2.3
石油	2,338	47.9	2,715	49.8	7.8	2,998	46.3	1.4	3,060	39.1	0.2	3,468	38.3	1.3
石炭	1,442	29.5	1,504	27.6	2.1	1,789	27.6	2.5	2,201	28.2	2.1	2,341	25.9	0.6
原子力	29	0.6	53	1.0	35.2	186	2.9	19.6	525	6.7	10.9	676	7.5	2.6
水力	104	2.1	110	2.0	2.8	149	2.3	4.4	187	2.4	2.3	226	2.5	1.9
その他	80	1.6	87	1.6	4.3	118	1.8	4.5	170	2.2	3.7	231	2.6	3.1
合計	4,888	100.0	5,448	100.0	5.6	6,479	100.0	2.5	7,814	100.0	1.9	9,043	100.0	1.5

(出所) 日本エネルギー経済研究所計量分析部『エネルギー・経済統計要覧』2003年版より作成。

表1-2 世界の地域別天然ガス消費動向

(10億m³、%)

	1971 消費量	1971 構成比	1978 消費量	1978 構成比	1998 消費量	1998 構成比	2001 消費量	2001 構成比	78~01 伸び率	98~01 伸び率
OECD北米	662.8	60.2	622.9	45.1	720.4	30.9	733.4	28.9	0.7	0.6
アメリカ	616.9	56.0	555.5	40.2	602.4	25.7	608.0	23.9	0.4	0.3
OECDヨーロッパ	121.6	11.0	252.5	18.3	441.1	18.8	490.2	19.3	2.9	3.6
OECD太平洋	6.6	0.6	28.3	2.0	111.9	4.8	131.2	5.2	6.9	5.4
日本	4.3	0.4	19.1	1.4	71.8	3.1	80.4	3.2	6.4	3.8
ラテン・アメリカ	20.8	1.9	29.9	2.1	92.0	3.9	104.9	4.1	5.6	4.5
非OECDヨーロッパ	29.2	2.7	45.5	3.3	29.1	1.2	25.9	1.0	-2.4	-3.8
旧ソ連	233.9	21.2	341.5	24.7	559.3	23.9	581.5	22.9	2.3	1.3
ロシア	—	—	—	—	380.9	16.3	394.2	15.5	—	1.2
アフリカ	2.8	0.3	8.4	0.6	51.5	2.2	65.5	2.6	9.3	8.3
中東	13.8	1.3	25.3	1.8	181.5	7.8	211.1	8.2	9.7	5.2
アジア	6.0	0.5	16.4	1.2	128.9	5.5	164.4	6.5	10.5	8.4
中国	3.4	0.3	12.3	0.9	22.5	0.9	29.6	1.2	3.9	9.6
その他	—	—	—	—	2.2	0.1	3.0	0.1	—	10.9
世界合計	1,100.9	100.0	1,383.0	100.0	2,340.6	100.0	2,540.7	100.0	2.7	2.8

(出所) OECD "Natural Gas Information, 2002" より作成。

2.9%であり,1998～2001年平均ではさらに高まって3.6%になっている(表1－2参照)。その結果,1次エネルギー消費に占める天然ガス消費の割合は1980年の13.8%から2000年には24.1%にまで高まった(表1－3参照)。2001年の天然ガス消費量は4,900億m^3(石油換算3億9,000万トン,同780万バレル／日)で,世界の天然ガス消費量の19.3%を占めている。アメリカと同様に成熟した経済地域でありながら,OECDヨーロッパは世界の地域別天然ガス消費動向の一大焦点となっている。

日本の1次エネルギー消費量の年平均伸び率は1986～91年のバブル経済期は4.1%であったが,1991～99年には1.5%に低下した。天然ガス消費の年平均伸び率は1978～2001年では6.4%であったが,1998～2000年には3.8%に低下している(表1－2参照)。直接的には経済の低迷によって天然ガスの大消費部門である電力,都市ガス産業で最終需要の伸びが鈍化したことが大きく影響している。

日本の名目GDPは2000年で4兆8,420億ドルであり,アメリカの9兆8,370億ドルに次いで国別では世界第2位の規模である。イギリスの1兆4,150億ドル,ドイツの1兆8,730億ドルをはるかに凌いでいる。しかし,日本の天然ガス消費量は2000年で779億m^3(石油換算6,480万トン,130万バレル／日)にとどまっており,イギリスの1,020億m^3(石油換算8,750万トン,175万バレル／日),

表1－3 1次エネルギー消費に占める天然ガス消費の割合 (%)

	1980	1985	1990	1995	2000
アメリカ	26.3	23.1	22.6	24.4	23.7
OECDヨーロッパ	13.8	14.6	15.9	18.9	24.1
日本	6.6	9.6	9.9	10.4	12.3
韓国	—	—	2.9	5.5	8.8
旧ソ連	28.4	36.8	42.1	48.6	51.7
ラテン・アメリカ	16.1	19.4	19.9	20.2	22.8
アジア	7.3	10.6	11.3	13.6	16.1
中国	2.9	2.6	2.4	2.2	3.0

(出所) 表1－1に同じ。

ドイツの905億 m³ (石油換算7,180万トン, 144万バレル／日) を下回っている。これらの国に比べて経済規模が大きいにもかかわらず, 天然ガス消費量が比較的小さいのが日本の特徴である (第5章参照)。

ただし, 1次エネルギー消費に占める天然ガス消費の割合は1980年には6.6％であったが, 1990年には9.9％, 2000年には12.3％へと増えており, 日本でも天然ガス消費の重要性が再認識されつつある (表1－3参照) (経済産業省[2000])。

高度経済成長期後半の1969年に日本が初めてLNG (Liquefied Natural Gas, 液化天然ガス) を輸入したように, 韓国は1986年にLNGの輸入を開始し, 天然ガス産業を急速に発展させた。韓国はLNG導入以前から石油ガス, 石炭ガスを使った製造ガス産業をもち, すでに1人当たり実質GDPも5,000ドル (1995年ドル価格) を上回る新興市場国に発展していたから, 資本集約型の天然ガス産業を発展させうる経済的実力を備えていた。1次エネルギー消費に占める天然ガスの割合は1990年の2.9％から2000年には8.8％へと急速に高まっている (表1－3参照)。

タイで代表されるように東南アジアでは周知のように高度経済成長が持続し, 1次エネルギー消費の伸び率も大きい。これら諸国でも石油依存度の増大に対する懸念もあるし, 自国で天然ガスを産出する国も多い。こうした状況を背景に, アジアの天然ガス消費伸び率は1998～2001年平均で8.4％とかなり高い (表1－2参照)。

天然ガス消費についても中国は関心の的である。社会主義時代に建設された石炭浪費型の重化学工業に代わって, 1980年代以降の高度経済成長期に電気機器などの組立加工型製造業がリーディング・セクターとなった。天然ガス消費量は2001年で12億 m³ とまだ小さいが, その年平均伸び率は1978～2001年には3.9％であったものが, 1998～2001年には9.6％へと急激に高まっている (表1－2参照)。高度経済成長下のエネルギー需要の増大, 電力, 都市ガス産業の発展, 環境対策としての石炭消費の抑制などの結果, 天然ガス消費が増大している。

2．主要国の消費動向

(1) 電力産業の天然ガス消費

1998年の世界の天然ガス消費量は2兆3,400億 m³であったが，その部門別消費割合は電力産業が28.8％，家庭，業務用が28.2％，工業部門が26.3％，原料用が14.2％であった（CEDIGAZ [2000]）。現状では天然ガスの用途として最も注目されているのは発電用燃料である。

イギリスの電力産業

世界各国の電力産業のなかでも，イギリスの電力産業で天然ガス消費が急増している。その年平均伸び率は1973〜80年には－26.3％であったが，1980〜90年は4.6％に増加し，1990〜2000年には38.5％と飛躍的に伸びている（表1－4参照）。イギリスは産ガス国（産油国）として1970年代以降急成長し，国内で天然ガス供給力が増強されたから，その消費が伸びた（第2章参照）。しかし，わけても電力産業で天然ガス消費が急増した一大要因は，同国のエネルギー政策の転換にあった。

1981年にはイギリスの発電電力量の74.8％，1991年には66.0％が石炭火力であった。だが，サッチャー改革の経緯から1992年10月に国有のブリティッシュ・コール（British Coal）が民営化され，51炭鉱のうち31炭鉱が閉鎖されることになった（IEA [2002c]）。1994年にはこの民営化が実施され，政府の石炭産業への補助金も1992年から削減され，1998年にはゼロとなった。2000年には石炭操業支援計画が短期政策として再開されたけれども，国内炭の競争力は回復しなかった（IEA [2002c]）。その結果，石炭火力が発電設備能力合計に占める割合は2000年には35％にまで低下している。

石炭火力とともに原子力発電もガス火力の動向に大きな影響を及ぼす。政策的にイギリスは原子力発電を重視してきたので，2000年には発電設備能力合計の23％が原子力発電であった。多くの原子力発電所が運開後40年を経過しており，2023年までに順次閉鎖されていく計画である。その後，新規に原子力発電

表1−4 主要国の天然ガス部門別消費動向

(10億 m³, %)

	1973 消費量	1973 構成比	1980 消費量	1980 構成比	1980 伸び率	1990 消費量	1990 構成比	1990 伸び率	2000 消費量	2000 構成比	2000 伸び率
アメリカ											
電力	102.0	16.3	104.2	18.5	0.3	108.8	20.5	0.4	191.6	30.0	5.8
エネルギー	73.0	11.7	47.5	8.4	−6.0	54.1	10.2	1.3	55.4	8.7	0.2
工業	216.9	34.8	184.5	32.8	−17.3	150.0	28.3	−2.0	140.5	22.0	−0.7
その他	232.2	37.2	226.4	40.3	−0.4	217.3	41.0	−0.4	251.1	39.3	1.5
合計	624.1	100.0	562.6	100.0	−1.5	530.2	100.0	−0.5	638.6	100.0	1.9
フランス											
電力	3.2	18.7	1.7	6.1	−8.6	0.5	1.8	−11.5	1.9	4.7	14.3
エネルギー	0.3	1.8	0.6	2.2	10.4	0.3	1.1	−6.6	0.4	1.0	2.9
工業	7.5	43.9	12.4	44.6	7.4	12.7	45.0	0.2	16.7	41.5	2.8
その他	6.1	35.0	13.1	47.1	11.5	14.7	52.1	1.2	21.2	52.8	3.7
合計	17.1	100.0	27.8	100.0	7.2	28.2	100.0	0.1	40.2	100.0	3.6
ドイツ											
電力	14.0	33.9	21.2	30.9	6.1	15.9	22.8	2.8	15.7	17.3	−0.1
エネルギー	0.7	1.7	2.2	3.2	17.8	2.1	3.0	−0.5	1.4	1.5	−4.0
工業	17.4	42.1	25.8	37.6	5.8	25.1	36.0	−0.3	29.7	32.8	1.7
その他	9.2	22.3	19.4	28.3	11.2	26.6	38.2	3.2	43.7	48.4	5.0
合計	41.3	100.0	68.6	100.0	7.5	69.7	100.0	0.2	90.5	100.0	2.6
イギリス											
電力	5.9	19.7	0.7	1.5	−26.3	1.1	1.9	4.6	28.6	28.0	38.5
エネルギー	0.4	1.3	2.0	4.1	25.8	3.7	6.3	6.3	7.4	7.3	7.1
工業	11.2	37.3	16.1	33.4	16.9	14.8	25.4	−0.8	19.5	19.1	2.8
その他	12.5	41.7	29.4	61.0	13.0	38.7	66.4	2.8	46.5	45.6	1.9
合計	30.0	100.0	48.2	100.0	7.0	58.3	100.0	1.9	102.0	100.0	5.8
日本											
電力	2.3	33.8	18.1	70.7	34.2	38.0	72.5	7.7	52.8	67.7	3.3
エネルギー	0.8	11.8	0.6	2.3	−4.0	0.4	0.8	−4.0	0.5	0.6	2.3
工業	1.9	27.9	2.5	9.8	4.0	4.6	8.8	6.3	10.3	13.2	8.4
その他	1.8	26.5	4.4	17.2	13.6	9.4	17.9	7.9	14.4	18.5	4.4
合計	6.8	100.0	25.6	100.0	20.8	52.4	100.0	7.4	78.0	100.0	4.1

(注)(1) 電力にはコージェネレーションを含む。
　　(2) その他には家庭,商業部門,輸送部門を含む。
(出所) 表1−2に同じ。

所が建設されるかどうかは明らかにされていない。しかし，新規の原子力発電所の発電コストは2.5ペンス／kWh，ガス火力が2.0ペンス／kWhであると試算されているので，経済的には原子力発電よりもガス火力のほうが有利である（IEA［2002b］）。

イギリスは環境保全で大きな成果を上げてきた。1990～2000年に年率2.2%の経済成長を達成しながら，2010年に二酸化炭素の排出量を1990年のレベルよりも12%削減することを約束した京都議定書の目標をすでに達成している。その最大の理由は石炭火力を縮小し，相対的に環境保全効果の大きいガス火力に切り換えてきたことにある[2]。

温室効果ガスの排出比率は炭素換算で石炭を100とすれば石油83，LNGは74である。天然ガスの主成分であるメタン（CH_4）は炭素原子1に対して水素原子4をもっており，他の炭化水素系エネルギーよりも水素比が高く，燃焼時に温室効果ガスが相対的に排出されにくい。硫黄や粒子状物質も分離プラントで大部分除去されるし，天然ガスを燃やしても灰は出ない。このように天然ガスは相対的に環境保全効果が大きいクリーンな1次エネルギーである（Flavin, Lenssen［1994］）。ただし，メタンそのものが温室効果ガスであるから，それを大気中に放出することは慎まなければならない。

ECはエネルギー安全保障の観点から天然ガスを電力産業で使用することを抑えるように1975年に指令を出した。イギリスの電力産業で天然ガス消費量が1973年の59億m^3から1980年に7億m^3に低下しているのはこのためでもある（表1－4参照）。だが，ヨーロッパへの天然ガス供給に不安がなくなったと判断され，この指令は1990年に解除された。

イギリスでは都市ガス産業の規制緩和は1982年から始まり，長い年月を経て1998年に完了する。また，1988年に電力産業の自由化が提言され，1990年に電力プールが始まり，1999年5月には全電力市場に競争が導入される。こうして電力，都市ガス産業の参入障壁は低下し，両産業間で天然ガスの裁定取引も行われるようになり，競争が促進された。大口需要家向け市場では電力，ガス価格が大幅に低下して需要が増え，両産業では燃料，原料として天然ガス消費が

伸びた(本章第2節，第4章参照)。

　しかし，発電燃料コストだけの比較ならば天然ガスはイギリスでも輸入炭に敵わない。たとえば，石油1トン換算で2000年の発電用輸入炭価格は税込みで51.9ポンド，天然ガスは76.4ポンド，重油は124.9ポンドであった。燃料調達コストだけで判断すれば天然ガスよりも輸入炭のほうが有利である。それなのに1990年代にガス火力が伸びた理由は，エネルギー政策の変化とともに，ガス火力に技術進歩があり，大幅にその熱効率が向上したことにもあった。

　コンバインド・サイクル・ガス・タービン (combined-cycle gas turbine, CCGT，以下コンバインド・サイクルと略す)の導入によって，天然ガスを燃焼させてガス・タービンで発電し，さらにその余熱で蒸気タービンを運転してもう一度発電できるようになった(第7章参照)。従来のガス・タービンの熱効率は30〜35％であったが，このコンバインド・サイクルによって熱効率は50％以上になった (IEA [1997])。熱効率が高いからコンバインド・サイクルは環境保全にも優れた効果を発揮する。コンバインド・サイクルの発電電力量単位当たりの二酸化炭素排出量は現状では石炭火力の半分である。

　コンバインド・サイクルは小規模でも熱効率が低下しないから，産ガス国で電力市場の小さな発展途上国や，規制が緩和されて投資家の価格変動リスクが高まった市場にも向いている (IEA [1995])。原子力発電や大規模石炭火力発電では投資額が巨額になるから，その投資の現在割引率は低くなる。しかし，規制が緩和された市場では投資の価格変動リスクを回避するために，投資の現在割引率をより高く設定せざるをえなくなる。そのためには小規模で資本集約度の小さいコンバインド・サイクルが適している。

　価格が規制されていた時代には電力産業や都市ガス産業は，自由な市場の需給関係で決まる価格に追随せざるをえないプライス・テイカー (price taker) である必要はなかった。掛かった総コストに，適正マージンを加えて算出した価格を規制の下で設定することができたからである。このような価格設定方式はコスト・ベース方式，原価主義方式，総括原価(適正コストと事業報酬の合計)方式などと呼ばれている。

こうした価格設定方式を前提にして，固定的な投資コストは巨額であるが，比例コストである燃料コストが相対的に小さい原子力発電や石炭火力をベース・ロード用に使い，燃料コストが相対的に大きく，発電所の運転制御が技術的に容易なガス火力をミドル・ロードやピーク・ロード用に使うようになった。

しかし，大幅に規制が緩和された市場では電力，ガス価格が変動的になるから，それに対応するために投資の現在割引率を高く設定しうるコンバインド・サイクルをベース・ロード用に使うようになる。とくに，新規に発電所を建設したり，新規に参入してくる独立系発電業者はコンバインド・サイクルを使うようになる。イギリスは大幅な規制緩和を行った国であり，しかも，産ガス国であるから天然ガス供給に不安はなく，ベース・ロード用にコンバインド・サイクルを使う傾向が一段と強まった。電力産業を中心とした1990年代の急激なガス消費の増大は「ダッシュ・フォー・ガス」（'dash for gas'）と呼ばれた。しかし，2000〜2001年のようにガス価格が高騰するとイギリスでもガス火力の稼働率は低下し，相対的に安価な輸入炭を使った石炭火力の稼働率が高まる。

アメリカの天然ガス消費

イギリスほど顕著ではないが，1990年代以降，アメリカでも電力産業で天然ガス消費が伸びている。1973〜80年には電力産業の天然ガス消費は年率0.3%でしか伸びておらず，1980〜90年でも年率0.4%でしか伸びていなかったが，1990〜2000年には年率5.8%で伸びた（表1－4参照）。

アメリカでは1970年代にガス不足が生じたために，1979年に制定された「発電プラントおよび工業燃料利用法」（'the Power Plants and Industrial Fuel Use Act'）で発電プラントや工業用大型ボイラーでの天然ガス使用が禁止された。発電プラントとしては石炭火力の増設が進んだ。しかし，規制が緩和されて天然ガス需給が緩和したために，1987年にこの法律は撤廃され，ガス火力の新設が自由化された。

アメリカでは1985年時点で石炭火力の発電コストがkWh当たり8〜10セント，ガス火力が10〜13セント，原子力が10〜20セントであった（Flavin, Lenssen

[1994]）。このように原子力発電はコスト的にも不利であったために，1990年代に新設された原子炉は 4 基にとどまった。2002年末時点で稼働中の原子炉は104基である。ただし，既存の原子炉の発電効率が高まっているので，原子力による発電電力量は1990～2001年に年率2.6％で伸びた。

アメリカのネット発電電力量に占める電源別割合は2001年で石炭が50.9％，原子力が20.5％，天然ガスが16.8％，水力が5.5％，石油を含むその他が6.3％である。エネルギー省の統計では電力産業は電力公益事業者（Electric Utilities）と非公益発電事業者（Nonutility Power Producers）に区分されている。2001年は景気が後退した年であるが，1990～2001年平均の発電電力量伸び率は電力公益事業者がマイナス0.6％であるのに対して，非公益発電事業者は16.2％にも達している。また，電力公益事業者のガス火力発電電力量は1990年が2,641億kWh，2001年でも2,644億kWhと横這いであったが，非公益発電事業者のガス火力発電電力量は1990年の1,143億kWhから2001年には3,666億kWhへと急増している。規制緩和によって新規事業機会が広がり，コンバインド・サイクルの高熱効率や小規模発電の優位性を生かして，非公益発電事業者が発電電力量を急増させたのである。

フランスのガス火力
イギリスやアメリカと違って電力産業で天然ガス消費量がほとんど伸びていないのがフランスである。1973年には電力産業の天然ガス消費量は32億 m^3，天然ガス消費量合計の18.7％であったが，1990年には 5 億 m^3，天然ガス消費量合計の1.8％に減少している。2000年には19億 m^3 に増加しているが，天然ガス消費合計に占める割合はまだ4.7％に過ぎない（表 1 － 4 参照）。

フランスはドゴール時代から軍事目的，商業目的で原子力開発を強化してきたが，エネルギー政策としてはエネルギー安全保障を重視し，原子力発電を増強してきた。フランスは天然ガスをほぼ全量輸入に頼らざるをえず，2000年の天然ガス輸入依存度は97％で，その57％はヨーロッパ域外から輸入している。したがって，天然ガスはエネルギー安全保障には不向きな 1 次エネルギーであると位置付けられてきた（IEA [2002d]）。

2000年では1次エネルギー供給量合計の42％が原子力であり，天然ガスは14％に過ぎず，この天然ガスの割合は世界的に見ても小さい（表1－1参照）。同年の原子力発電電力量は発電電力量合計の77.5％に達し，水力の発電電力量が12.5％であった。ガス火力はマージナルである。フランスは電力やガス部門でEUの規制緩和指令を法的，制度的には受け入れているが，現実には電力産業で天然ガスの競争力は発揮されにくいのである。

ドイツの電力産業

 ドイツの電力産業における1973年の天然ガス消費量は140億 m^3，天然ガス消費量合計の33.9％であったが，2000年でも157億 m^3 にとどまっており，天然ガス消費量合計の17.3％に過ぎない。フランスと同様にドイツでも電力産業における天然ガス利用はあまり進んでいない（IEA [2002e]）。

 ドイツの電力産業は政策的に大きく揺れている。ドイツはエネルギー安全保障を確立するとの理由で，石炭産業を保護してきた。この保護政策には実は炭鉱労働者の雇用維持と言う意味合いが強く，簡単にこの政策を放棄することはできない。ドイツの炭鉱は坑内掘りであり，国内炭の採炭コストは露天掘りの輸入炭価格よりも3倍も高い（IEA [2002e]）。この国内炭コストと輸入炭価格の差分が補助金として生産者に支給されてきた。

 しかし，IEAやEUはエネルギー市場の自由化や財政再建の観点から補助金の撤廃を求めてきた。ドイツでも1998年に政府と産炭業者との間で補助金削減の合意が成立し，新法を制定して石炭補助金が削減されることになった。1997年には国内石炭産業に46億ユーロの補助金が支給されていたが，2000年には44億ユーロに削減され，2005年には28億ユーロにまで削減されることになっている。

 しかし，1999年に発電電力量合計の51％を占めていた石炭火力を2020年には57％にまで引き上げる，との見解をドイツ政府は打ち出している。石炭火力の拡大は環境保全のためには必ずしも好ましくない。しかし，旧東独地区で経済改革やエネルギー利用効率の改善を図ってきた結果，ドイツ全体で2000年にはエネルギー関連の二酸化炭素排出量は1990年レベルに対して13.6％削減されて

おり，温室効果ガス全体の排出量は19.1％も削減された。したがって，石炭火力の継続は問題ない，とドイツ政府は主張している。

石炭火力を増やすとの立場をドイツ政府が表明している背景には，原子力政策の見直しがある。1998年の選挙で原子力発電を継続するか撤廃するかが争点となり，2000年6月に政府と原子力業界との間で合意が成立し，既存の原発の操業は続けるが，新規増設はしないこととなった。こうした原子力をめぐる情勢の変化があって，ドイツ政府は2005年以降も石炭保護を続けるとの方針を打ち出したのである。

2000年のドイツの電力産業における天然ガス消費量157億m^3はイギリスの半分強に過ぎず，ガス火力は発電電力量合計の10％に過ぎない。ただし，ドイツ政府は2010年に発電電力量合計に占めるガス火力の割合を20％にまで引き上げる計画である。

日本の電力産業

日本の電力産業における天然ガスの消費量は2000年で528億m^3であり，天然ガス消費量合計の67.7％を占めている。部門別の天然ガス消費としては電力産業が頭抜けて大きく，アメリカやイギリス，フランス，ドイツには見られない特徴である。発電電力量合計に占める電源別割合は1999年で原子力が34.5％，LNGが26.2％，石炭が16.7％，石油等が12.3％，水力が9.7％，その他が0.6％であった。

2001年に大手9社の発電電力量は7,717億kWhで全国発電電力量合計の72％を占めているが，これら9社の電源別発電電力量の割合は原子力が39.0％，LNGが32.5％，石炭が9.3％，水力が8.4％，石油が4.9％となっており，原子力とLNGが大手9社の発電部門の2本柱になっている。

2度の石油危機で無資源国の脆弱性を痛感した日本はエネルギー安全保障をエネルギー政策の最重点項目として位置付け，1980年代末からは環境保全も重視するようになった。原子力は燃料調達に不安のない準国産エネルギーであるからエネルギー安全保障に適しており，発電過程で地球温暖化物質を排出しないので環境保全にも適している，と判断された。

LNGの輸入契約は20～25年間の長期契約であったが，そのことはエネルギー安全保障上むしろ好ましく，また，天然ガスは相対的にクリーンなエネルギーであるから環境保全にも適合的である，と考えられた。しかし，日本ではLNGの輸入価格は輸入原油価格平均にリンクされているので，天然ガス価格が相対的に低いと言うことはなかった。

　1次エネルギー供給コストの引き下げは必ずしも最優先課題とはされず，原子力とLNGによってエネルギー安全保障の確立と環境保全が優先されてきた。そうすることができたのは，規制政策の下で需給調整方式として数量調整を主とし，価格調整を従とするコスト・ベースの価格設定方式（原価主義方式，総括原価方式）が採られてきたからである。

　しかし，国際経済のグローバル化，国際競争の激化を背景に，1次エネルギー供給コストの引き下げを図るべく，法的，制度的枠組みとしてはアメリカやEUで採用された規制緩和政策が日本でも導入されつつある（第3，4章参照）。そうなると，市場では競争が発生してくるので，エネルギー安全保障，環境保全，1次エネルギー供給コストの引き下げ，と言う3つの政策課題を整合することが新たなエネルギー政策の課題になりつつある。

　日本に適用されているLNG輸入価格の輸入原油価格リンク方式が将来的にどのようになるかは，①産ガス国間の天然ガス（LNG）供給競争，②技術進歩によるLNG供給コストの引き下げの可能性，③輸入国側での規制緩和とエネルギー価格動向，などの行方に懸かっている。産ガス国間の供給競争は近年強まる傾向にあり，技術進歩によってLNGの供給コストも低下しつつある（本章第3節参照）。

　しかし，輸入国のエネルギー市場が非競争的でエネルギー価格が国際的に割高であれば，つまり内外価格差が残れば，技術進歩による上流部門や輸送部門でのコスト低下分は超過利潤（エコノミック・レント，economic rent）として産ガス国が獲得する。産ガス国間のLNG供給競争が強まり，輸入国側でもエネルギー市場が競争的になって買い手のコスト意識がより厳格になれば，国際LNG市場も競争的になって産油国に価格引き下げ圧力が掛かり，技術革新に

(2) 非電力部門の天然ガス消費

家庭，業務用

　非電力部門のなかで天然ガス消費量が多い部門は，表1－4の区分ではその他の部門である。このその他の部門とは家庭，業務用が中心で，それに輸送部門や農業なども含まれる。表1－4に示されている先進5ヵ国では，2000年ではその他の部門における天然ガス消費量の50～70％が家庭で消費されており，残余のほとんどが業務用である。家庭，業務用の（天然）ガス消費は大口需要家である工業部門に比べると消費の価格弾力性が小さい。

　ヨーロッパの家庭や業務用では都市ガスの用途の主体は暖房用であり，その結果，輸入天然ガス価格は競合燃料である中間留分の石油製品価格にリンクされている。このためにかえって家庭，業務用では燃料転換が起こりにくい。

　日本では2001年に家庭1世帯当たりエネルギー消費量は，暖房用については灯油が188万kcal，都市ガスが57万kcal，電力が22万kcalである。都市ガスの最大用途は給湯用で1世帯当たりのエネルギー消費量は2001年で107万kcal，暖房用が57万kcal，厨房用は31万kcalである。寒冷地では冬場に大量の灯油が暖房用燃料として使われている。

　また，日本では家庭，業務用に2000年で768万トン，その他の用途も含めると1,841万トンもLPG（Liquefied Petroleum Gas，液化石油ガス）が使われている。カロリー当たり輸入単価が他の1次エネルギーよりも相対的に高いLPGが比較的多量に消費されているのも日本の特徴である。

　新規住宅建設動向が家庭でのガス消費の増加に大きな影響を及ぼす。新規住宅建設動向は基本的には世帯数の伸びと関連してくる。アメリカでも家庭でのガス消費の伸びは新規住宅建設に強く連動しており，1990年代には新規住宅の57％がガス・セントラル・ヒーティングを使っている。アメリカは寒冷地と温暖地の気温の差が大きく，全国平均では家庭でのガス消費の伸び率は1990～2001年平均で0.8％にとどまっている。

日本の場合，世帯数の伸びは1965～73年には年率3.3％で増加していたが，1973～79年には1.7％に低下し，1979～2001年にはさらに1.4％に低下した。都市ガスの事業部門別消費に占める家庭の割合は2001年で36.8％であり，工業部門の38.4％に次ぐ大きさである。都市ガスが暖房用に大規模に使われているヨーロッパ諸国に比べて日本で都市ガスが暖房用に使われる割合は相対的に少ないが，家庭での都市ガス消費の伸び率は1990～2001年平均で1.7％であり，家庭は安定した市場である。

　表1－4ではコージェネレーションが電力部門に含まれているために，天然ガスの用途別消費量は示されているが，最終需要家別消費動向を把握するには適切な表ではない。発電電力量ベースで見ると，2000年ではアメリカの発電電力量合計の16％がコージェネレーションによるものであり，イギリスでは13％がコージェネレーションによるものであった。

　日本の場合，2000年における民生用コージェネレーションの発電設備能力は120万kWで，その54％がガス・コージェネレーションであった。業務用コージェネレーションは480万kWであり，その62％がガス・コージェネレーションであった。これまでのコージェネレーションの技術では発電設備能力が10kW～4,000kW以上であったから一定規模の電力と温水を利用する事業所でなければ経済性が出てこなかった。現状は発電設備能力が1kW，総合熱効率85％ほどの家庭用小型コージェネレーションの実用化段階にある。

　発電目的の家庭用燃料電池や家庭用小型コージェネレーション・システムが普及すれば，家庭でのエネルギー消費は先進諸国でも新たな局面を迎えることとなろう（第7章参照）。ただし，その燃料としては都市ガス，LPG，石油，その他でも利用可能である。

工業部門

　表1－4に示された5ヵ国の工業部門における天然ガス消費量はアメリカが頭抜けて大きく2000年で1,405億m^{3}を消費し，その38％は化学産業であった。アメリカの場合，石油化学のエチレン生産用原料に天然ガスが使われている。化学産業に次いで紙・パルプでの消費が11％，食品が10％で相対的に消費量が

大きい。これらの産業はアメリカでは国際競争力のあるエネルギー多消費型産業である。

アメリカに次ぐドイツの工業部門におけるガス消費量は2000年で297億 m^3, 天然ガス消費量合計の32.8%を占めていた。工業部門別消費割合は化学が40%、窯業が12%、紙・パルプが9%であった。ドイツの化学産業も国際競争力のある産業部門である。

日本の工業部門は2000年で103億 m^3 のガスを消費し、そのうち鉄鋼が24%、化学が20%、輸送用機器が18%を消費していた。都市ガスと言う区分で見た場合、2001年で都市ガス原料の88.6%が天然ガスであるが、工業部門への都市ガスの販売量は1990～2001年平均で8.4%伸び、家庭用は1.7%の伸びであった。この結果、2001年に初めて工業部門向け販売量が家庭用販売量を上回った。この工業部門への都市ガス販売量の大きな伸びはコージェネレーションの普及によるものである。

石油に比べて天然ガスの利用があまり普及していないのは輸送用燃料としてである。将来は天然ガス自動車や燃料電池自動車の普及によって天然ガスが輸送用燃料として直接的、間接的に利用されるであろうが、現状ではその本格的な利用には様々な制約条件がある（第7章参照）。

第2節 在来型天然ガス取引の課題

1. 天然ガス市場の価格動向

北米、OECDヨーロッパ、日本における天然ガス（輸入）価格の差は石油輸入価格の差よりも大きい。表1－5は日本、アメリカ、ドイツの原油輸入CIF価格を比較したものである。アメリカで国内原油生産者を保護するため実施されていた石油輸入制限政策が1971年に撤廃されてからは、日本、アメリカ、ドイツの原油輸入CIF価格の差は1998年の2.6%から1974年の14.2%の比較的狭

表1−5　日本，アメリカ，ドイツの原油輸入CIF価格

(ドル／バレル，%（1）)

	日本	アメリカ	ドイツ	価格差%
1971	2.81	4.66	3.02	113.8
1974	10.79	12.32	11.06	14.2
1981	35.38	36.69	37.09	9.3
1986	16.08	14.71	14.88	7.6
1995	18.02	16.74	17.07	2.5
1996	20.55	20.18	20.68	12.1
1997	20.55	18.34	19.01	13.8
1998	13.68	12.02	12.48	2.6
1999	17.38	17.06	17.51	4.3
2000	28.72	27.54	28.06	4.2
2001	25.01	22.07	24.15	13.3

(注) 3ヵ国のなかで最も高い価格と最も低い価格差の割合（%）。
(出所) 表1−1に同じ。

い範囲に収まっている（表1−5より算出）。

　日本，アメリカ，ドイツの原油輸入先はかなり相違しているし，景気動向も全く一致しているわけではない。それにもかかわらず，この3ヵ国の原油輸入CIF価格の差が比較的狭い範囲に収まっているのは，石油市場では国際的に活発な裁定取引が行われ，価格が国際的に密接に連動しているからである。つまり，石油市場は国際的に統合されているのである。

　表1−6によって日本，アメリカ，EUのLNG輸入価格の差を見ると，その差が最も小さいのは1998年の15.4%であり，これは上述の原油輸入CIF価格の最大差（14.2%）よりも大きい。LNG輸入価格差が最も大きいのは1999年の59.0%である。アメリカの天然ガス・パイプライン輸入価格とEUの天然ガス・パイプライン輸入価格との差は，1997年の12.3%から2000年の91.0%と，その範囲はさらに大きい。

　2000年の冬にはアメリカの天然ガス市況が高騰し，同年12月29日にはヘンリー・ハブ（Henry Hub，本章第3節2，第3章参照）価格は10.52ドル／100万Btu（石油換算60ドル／バレル）にも達した。ヨーロッパのLNG，天然ガス・パ

第1章　拡大期に入った世界の天然ガス産業　21

表1－6　日本，アメリカ，EUの天然ガス輸入価格

(ドル／100万 Btu, %)

	日本	アメリカ		EU		LNG価格	パイプライン・ガス
	LNG	パイプライン	LNG	パイプライン	LNG	差の割合	価格差の割合
1994	3.21	1.59	2.23	2.38	2.40	43.9	49.7
1995	3.48	1.50	2.25	2.65	2.35	54.7	76.7
1996	3.67	2.21	2.74	2.66	2.64	39.0	20.3
1997	3.91	2.43	2.67	2.73	2.84	46.4	12.3
1998	3.08	1.98	2.67	2.34	2.40	15.4	18.2
1999	3.18	2.15	2.47	1.88	2.00	59.0	14.4
2000	4.73	5.32	3.43	2.78	3.10	52.6	91.4
2001	4.64	4.90	4.22	3.53	3.68	26.1	38.8

(注) 価格差の割合は3ヵ国のなかで最も高い価格と最も低い価格との差の割合。
(出所) 表1－1に同じ。

イプライン輸入価格も日本のLNG輸入価格も上昇はしたが，アメリカと同じ水準までは高騰しなかった（表1－6参照）(DOE/EIA[2001])。

　このことからも明らかなように，天然ガス価格は石油価格ほど国際的に密接に連動していない。言い換えれば，天然ガス市場は石油市場のようには国際的に統合されていないのである。石油市場のように大規模な国際裁定取引が天然ガス市場では行われていないからである。

　原油の場合は2000年に世界で7,185万バレル／日が生産され，そのうち国際貿易に回された原油は4,205万バレル／日で，その割合は58.5％であった。これに対して天然ガスは2兆5,540億m^3が生産され，5,540億m^3が貿易に回されているから，その割合は21.7％でしかなかった。天然ガスの国際貿易は原油の国際貿易に比べるとかなり小規模である。しかも，石油の場合には原油だけではなく，精製された石油製品も国際的に裁定取引が行われている。

　天然ガス市場は石油市場に比べて国際的に統合されておらず，アメリカ，イギリスとヨーロッパ大陸諸国および日本とでは天然ガス輸入価格の決定方式がそれぞれ違うために（第1章第2節2，3，第3節参照），表1－5に示されているように，これら諸国の天然ガス輸入価格水準には短期的にかなりの違いが出てくる。しかし，日本，アメリカ，EUのLNG輸入価格と天然ガス・パイプ

ライン輸入価格は長期的には同じ傾向を辿っている（表1－5参照）。それぞれの市場で石油と天然ガスは直接，間接的に競合関係にあり，長期的には双方の価格が乖離していくことはないからである。

2．長距離パイプライン取引

(1) テイク・オア・ペイ条項付き長期契約

　石油価格のように天然ガス価格が国際的に連動していない根本的な原因は，輸送方法，輸送コストの制約から，天然ガスの取引関係が地理的に一定の地域内に限定されてきたからである。石油を新たに商業生産する場合，産油国から消費国までの輸送コストは，ほとんどの場合，大きな問題にはならない。たとえば，その新規油田が中東にある場合，中東産標準油種FOB価格が15～25ドル／バレルの範囲で変動すると予測できれば，長距離の日米欧市場までのタンカー輸送コストは1ドル／バレル前後であるから，市場参入に際して輸送コストは障害にはならない。輸送コストの割合が極めて小さいからこそ，規制のない国際石油市場では自由な裁定取引が活発に行われているのである。

　新規の石油パイプラインの輸送コストは輸送距離が長くなるのに比例してタンカー輸送コストよりもよけいに掛かる。それでも国際石油価格水準が1990年代の15～30ドル／バレル（2.6～5.1ドル／100万Btu）の範囲にあるとすれば，パイプラインで石油を5,000km輸送したとしても，その輸送コストは50セント／100万Btu弱，総コストの10～20％弱であるから国際取引の大きな障害にはならない（IEA［1994］）。

　石油とは違って，天然ガスの商業生産を始める際に大きな問題となるのが輸送方法，輸送コストである。天然ガスは気体であるからパイプラインで輸送するか，マイナス162度で液化し，容積を約600分の1にしてLNGタンカーで海上輸送することになる。この輸送方法，輸送距離の違いによって輸送コストに大きな差が出てくる。

　輸送にパイプラインを使って新規天然ガス・プロジェクトに着手する場合に

は，①そのパイプライン輸送コストのみならず，②天然ガスの埋蔵量，③探鉱，開発，生産コスト，④出荷前の処理コスト，⑤契約販売量，⑥販売価格すべてが問題になる（Groenendaal［1998］）。中国のように本格的なガス市場をこれから育成しようとする場合には，⑦配給網の整備コストも掛かる。これら6～7項目すべてを総合的に判定しなければ，パイプライン輸送による新規天然ガス・プロジェクトに着手するか否かを判断することはできない。

この点を中国の西部開発の一環である新規天然ガス開発プロジェクトの例で見れば，新疆ウイグル自治区などで生産された天然ガスを東部沿岸の上海などで消費しようとする計画（西気東輸）では，幹線パイプラインの輸送距離だけで3,900kmに達する。このプロジェクトの場合，上流部門の開発コストは34億ドル，パイプラインの建設コストは59億ドル，配給網の整備コストは83億ドル，総コストは176億ドルである（IEA［2002f］）。

2002年7月4日にコンソーシアム協定が締結され，中国石油天然ガス総公司（Petro China）が50％，中国国営のSINOPECが5％，シェル（Shell）と香港中国ガス（Hong Kong China Gas）が15％，ロシアの国営ガス会社のガスプロム（Gazprom）とストロトランスガス（Strotransgaz）が15％，エクソン・モービル（ExxonMobil）と香港中国電力（Hong Kong China Light and Power）が15％の利権をもつことになった。このコンソーシアムは生産分与方式による上流部門の開発とパイプラインの建設を担当する。パイプライン建設資金の35％はこのコンソーシアム参加企業が利権に応じて出資し，残りは金融市場から調達される。

合弁事業でこのような巨大プロジェクトを実施したとしても，それだけでは生産，輸送された天然ガスが確実に販売されると言う保証はない。天然ガスの販売価格の上限は競合燃料価格や最終需要家の支払い負担能力，あるいは政策的介入などから決まってくるから，天然ガスの販売価格をむやみに高く設定することはできない。したがって，その巨額な投資資金の回収期間は長期化し，天然ガスの販売契約期間は20～25年の長期間となる。さらに，その投資資金の回収を確実にするために，天然ガスの売り手はテイク・オア・ペイ（take or pay）条項を契約に付け，買い手が契約量を引き取れない場合には買い手に全

量ないし一定量の代金支払い義務を負わせる。売り手は供給量を確保する義務を負う。

このように長距離パイプラインを使う新規の天然ガス・プロジェクトの場合には，その巨額な投資コストを確実に回収するために，テイク・オア・ペイ条項付きの長期契約が結ばれるのが通常であり，売り手と買い手の関係が固定され，需給調整は短期的，中期的に石油取引に比べてはるかに非弾力的になる。また，投資資金の回収を確実にするために，通常，高稼働率で操業を開始するから，余剰供給能力もない。

天然ガス長距離パイプラインの建設コストが巨額であるために，輸送する天然ガス単位当たりの固定コストがかさむだけではなく，気体の天然ガスを輸送するには液体の石油をパイプラインで輸送する以上に操業コストもかさむ。気体の天然ガスを送るには100～200kmごとにブースター・ステイションを設け，コンプレッサーで昇圧しなければならないからである。そのための燃料（天然ガス）消費量は輸送距離に比例して増える。ロシアの西シベリアにあるウレンゴイ・ガス田やヤンブルグ・ガス田から西ヨーロッパの最終市場までのパイプライン距離数は5,000km前後にも達し，ブースター・ステイションでのガス消費量は天然ガス総輸送量の15％にも及ぶ（熊崎［2002］)[3]。

事例的に見ると，アルジェリアは1964年に世界で最初のコマーシャル・ベースの液化プラントを建設し，LNGを輸出するが，1983年に地中海横断パイプライン（the Trans-Mediterranean Pipeline）でイタリアに向けてパイプライン輸出を始めた（Mabro, W-Bond［1999］)。これらの輸出プロジェクトはすべてテイク・オア・ペイ条項付き，20～25年間の長期契約であった。こうしたヨーロッパ諸国での契約形態に変化が現われるのは，1990年代に天然ガス消費が増大し，規制緩和政策が進展し，ガス対ガス（gas to gas）の販売競争が激化してからである（Stern［1998］, IEA［2002d］)。

アメリカのガス田（油田）には多数の産ガス業者が存在する。したがって，井戸元市場は伝統的に幹線パイプライン会社の買い手市場であり，幹線パイプライン会社が建値を設定して天然ガスを購入し，それを配給会社に販売してき

た。1938年に制定された天然ガス法(the Natural Gas Act)で州際幹線パイプライン会社の自然独占を抑え，消費者の利益を守るために，連邦動力委員会(the Federal Power Commission)がコスト・ベースでパイプライン輸送料を規制するようになった。1954年に連邦動力委員会による規制は井戸元ガス価格にまで拡大される(第3章参照)。

アメリカの天然ガス産業に対する規制緩和の実現には長い期間が掛かった。1978年に施行された天然ガス政策法(the Natural Gas Policy Act)で井戸元ガス価格規制が部分撤廃されたのが規制緩和の始まりであり，1985年には連邦エネルギー規制委員会(the Federal Energy Regulatory Commission)の指令436号で州際パイプラインに第三者の利用を認めるサード・パーティー・アクセス(Third Party Access, TPA)が導入され，1992年に同委員会によって出された指令636号によって州際パイプライン会社が行っていた輸送業務，貯蔵業務，販売業務が分離され，規制緩和はほぼ完成する。このサード・パーティー・アクセス(TPA)が認められるまでは，州際幹線パイプライン会社の天然ガス販売契約は非弾力的なテイク・オア・ペイ条項付きの長期契約であった。

物理的に幹線パイプライン網が完成しただけではガス対ガスの競争は発生せず，規制緩和が完了して初めて天然ガス市場に短期市場が形成され，競争らしい競争が発生したのである。

(2) 数量調整

短期引取り量の調整

ヨーロッパ大陸の天然ガス長期契約では3年ごとに価格改定が認められ，代替エネルギー価格との調整が行われている。しかし，価格改定が認められているとは言えそれは3年ごとであるから，季節的な需要の変動に対応した需給調整は主に数量調整によっている。ヨーロッパでは冬場に暖房用ガス需要が急増するから，需要の季節変動はとくに大きい。その調整責任は状況によって産ガス業者と幹線パイプライン会社が負っている。

オランダの巨大なフローニンゲン・ガス田は構造性ガス田であり，ガス層内

が高圧力かつ高浸透性で，市場までの距離が短いために投資コストが相対的に小さい。そのために，契約上，年間の需要期と不需要期の引取り量に大きな差が認められている。ガスを輸送し，販売しているオランダのハスニー（Gasunie）は，長期契約で買い手に1日ごと，あるいは月ごとにでも引取り量の変更を認めている。オランダのフローニンゲン・ガス田は需給調整を行う「スイング・サプライヤー」（'swing supplier'）と言われており，2000年には需要期（冬場のピーク時）の月平均輸出量は不需要期の月平均輸出量に対して68%も大きかった（IEA [2002d]）。

1995年までイギリス南部大陸棚ガス田では需要期の月平均輸出量は不需要期の月平均輸出量に対して50%増しであったが，2000年には24%増しに低下している。これは天然ガスがベースロード用発電燃料として使われるようになったこと，変動契約を認めにくい随伴ガスの生産量が増えてきたこと[4]，ブリティッシュ・ガス（British Gas）の独占構造が崩れて変動を認める余裕がなくなってきたことなどによる。

ノルウェーのトロール（Troll）ガス田，ロシアのウレンゴイ（Urengoy）ガス田，アルジェリアのハッシ・ル・メール（Hassi R' Mel）ガス田はいずれも巨大なガス田であるから，ガス田の生産能力としては生産量を十分に変動しうるが，トロール・ガス田は沖合いガス田であるためにパイプライン輸送コストがかさむ。ウレンゴイ・ガス田とハッシ・ル・メール・ガス田は輸送距離が長いために相対的に大きなパイプライン輸送コストが掛かる。そのために，契約上，引取り量の変動幅は抑えられている。需要期と不需要期の月平均輸出量の差は2000年でノルウェーは27%，アルジェリアは17%，ロシアは10%となっている。

アメリカの場合も州際幹線パイプラインの輸送距離が長く相対的に輸送コストが大きいので，契約上，引取り量は小さな範囲でしか変動が認められていない。その結果，需要期と不需要期の月平均産ガス量の差は2000年では4%でしかなかった。

地下貯蔵タンクの利用

ガス田での生産調整には限りがあるため、幹線パイプライン会社や配給会社は地下貯蔵タンクを所有して数量調整を行ってきた。規制緩和（市場の自由化）以前には主に需給調整は数量調整によって行われていたから、もっぱら不需要期にガスを地下貯蔵タンクに満たし、需要期に放出してきた。

表1－7に示されたデータは規制緩和後の2000年のデータであるが、地下タンク貯蔵量が最も大きい国はアメリカで、それは1,100億 m^3 であり、次いでドイツの186億 m^3、フランスの105億 m^3 であった。産ガス国であり、市場までの輸送距離も短いオランダは24億 m^3、イギリスは33億 m^3 と小規模である。アメリカは産ガス国であるが、大消費地までの州際幹線パイプラインの距離が長いから、巨額なパイプライン投資の重複を抑えるために地下タンク貯蔵能力が大きくなった。

年間消費量に対する貯蔵量の比率を見ると、オーストリアの37％、ハンガリーの30％、フランスの26％、チェコの23％、ドイツの21％が大きい。これらの国は主として長距離パイプラインによる輸入天然ガスに依存し、寒冷地で冬場の暖房用ガス需要も大きい。したがって、消費量に対して相対的に大きな地下貯蔵タンク能力をもつことになった。

アメリカでは地下貯蔵タンクとして岩塩ドーム、涸渇した油層やガス層、帯

表1－7 主要国の地下貯蔵タンク，2000年

（ガス貯蔵量100万 m^3，ピーク日放出量100万 m^3／日，貯蔵量／年間消費量％）

	貯蔵所数	ガス貯蔵量	ピーク日放出量	貯蔵量／年間消費量
オーストリア	5	2,820	28.3	37
チェコ	7	2,147	42.5	23
フランス	15	10,490	182.0	26
ドイツ	39	18,556	425.2	21
ハンガリー	5	3,610	46.6	30
オランダ	3	2,400	144.0	5
イギリス	4	3,253	63.4	3
アメリカ	415	110,406	2,201.2	17

（出所）IEA "Flexibility in Natural Gas Supply and Demand" 2000.

水層が使われているが，岩塩ドームが最も天然ガスの注入，排出に時間が掛からない。涸渇した油層やガス層や帯水層の場合には注入や排出に時間が掛かるので，おもに冬場の季節需要に対する貯蔵設備として使われ，緊急時には岩塩ドームが使われている。

燃料転換

IEA（国際エネルギー機関，International Energy Agency）の1999年の調査によると，IEA加盟国の工業用ボイラー，発電用設備能力でガスと石油との燃料転換が可能な最大能力は天然ガス消費量換算で4億9,000万 m^3（石油換算350万バレル／日）である（IEA [2002d]）。アメリカにその34％があり，日本に22％，ドイツと韓国にそれぞれ5％，その他諸国に34％がある。

2000年末時点で（IEA加盟）北アメリカ諸国の総発電設備能力は944ギガ・ワットであり，そのうち269ギガ・ワット，全体の28％が燃料転換の可能な発電設備能力である。この燃料転換可能な発電設備能力の97％で天然ガスを燃料に使うことができる。IEA加盟ヨーロッパ諸国の総発電設備能力は682ギガ・ワットで，そのうち129ギガ・ワットが燃料転換可能な発電設備能力であり，その63％で天然ガスを使うことができる。IEA加盟太平洋諸国の総発電設備容量は365ギガ・ワットであり，このうち37ギガ・ワットが燃料転換可能な発電設備能力であり，その88％で天然ガスを使うことができる。

規制下でコスト・ベースによって電力価格が設定されていた時代でも代替エネルギー間競争が全くなかったわけではなかったから，複数の国産エネルギーを使えたアメリカでは燃料転換がかなり行われていた。だが，規制緩和が実施され，価格競争が顕著になっているアメリカ市場では需要家にとって燃料転換は価格変動に対応する重要な調整手段になっている。

ライン・パックの活用

パイプラインで天然ガスを輸送している場合には，輸送に必要な圧力以上にパイプライン内の圧力を高めることで，天然ガスの貯蔵量を若干増やすことができる。この方式がライン・パック（line-pack）である。ライン・パックは寒波が到来するような時期に使われる一時的な数量調整方法である。ライン・

パック能力はパイプラインの設計デザインによって相違するが，イギリスでは総需要の3％，スペインでは0.4％ほどである。

3．液化天然ガス（LNG）供給の非弾力性

　LNGプロジェクトの場合には，①探鉱，開発，生産コスト，②前処理コスト，③液化コスト，④LNG専用タンカーによる輸送コスト，⑤受入国での再ガス化コストが掛かる。LNGプロジェクトも新規（grass root）の場合と増設の場合とでは総コストはだいぶ違う。1978年に操業開始となったインドネシアのアルーン第1期プロジェクトの液化能力は3トレインで450万トン／年，その総コストは17億ドルであった。第2期プロジェクトは2トレインで300万トン／年，そのコストは9億ドル，第3期は1トレインで150万トン／年，コストは2億3,000万ドルであった（IEA［1996］）。

　1990年代前半でLNG専用タンカーの建設コストは積荷トン当たり，石油タンカーの8～10倍であった。また輸送中もLNGをマイナス162度に保っておかなければならないから，輸送コストも高くつく。LNG専用タンカーの輸送コストがわずか2,500kmほどで2ドル／100万Btuに達していたのは，こうした事情による。

　600万トン／年の新規LNGプロジェクトの場合，液化コスト，LNG専用タンカーなどの輸送設備コスト，再ガス化設備コストの合計で50億ドルほど掛かり，その内訳は液化コストが50～60％，輸送設備コストが25～35％，再ガス化コストが15％ほど掛かる場合が多かった（IEA［2002d］）。

　結局，新規LNGプロジェクトの場合も新規パイプライン・プロジェクトと同様に巨額な投資コストを回収しなければならないから，売り手はテイク・オア・ペイ条項と輸入国の受入基地で所有権が移転するエクス・シップ（Ex-ship）条項付きで，20～25年の長期契約を求めた。天然ガス市場が成熟していない時代の新規LNGプロジェクトに余剰能力はなく，売り手と買い手との関係は長期に固定された。

1973年の第1次石油危機以降,対日LNG市場は売り手市場化し,LNGの輸入価格は輸入原油価格平均にリンクされた。買い手は総括原価方式によって電力,ガス価格を設定し,短期的な需給調整は主に数量調整によって行ってきたから,輸入LNG価格が輸入原油価格にリンクされ,燃料価格,原料価格が非弾力的になっても需給調整上,大きな問題は生じなかった。電力や都市ガスの需要が比較的順調に拡大していたことも総括原価方式の適用を容易にしていた。

LNGの場合に売り手は契約に基づいて供給に責任を負うが,需給調整は輸入基地の貯蔵タンクを使って行われる。日本は世界最大のLNG輸入国であり,2000年でLNG 1,218万 m^3 のLNG貯蔵能力をもち,再ガス化能力は6億 m^3 /日である(表1-8参照)。

表1-8 主要国のLNG再ガス化能力,貯蔵能力,2000年

	プラント数	再ガス化能力 a	貯蔵能力 b
ベルギー	1	18	260
フランス	2	53	510
ギリシャ	1	5	75
イタリア	1	10	100
スペイン	3	51	460
トルコ	1	13	255
日本	23	604	12,179
韓国	2	137	2,000
アメリカ	2	33	278

(出所) 表1-7に同じ。
(注) a:100万 m^3 /日
　　　b:LNG 1,000 m^3

第3節　天然ガス取引の改革

1．規制緩和，自由化による市場構造の変貌

　天然ガス産業の規制緩和が世界各国で進展し，法的，制度的枠組みが改革されている。その要点は，①パイプライン，地下貯蔵タンク，LNGタンクにサード・パーティー・アクセス（TPA）を認める，②輸送業務，貯蔵業務，販売業務を分離させる，の2点である。産ガス業者やLNG輸入業者と最終需要家との直接取引を拡大させ，天然ガス産業に競争を導入し，最終需要家に利益を還元しようとするのが，その政策の狙いである（第3，4，5章参照）。

　このように法的，制度的枠組みが変更されても，市場の自由化の進捗状況は国や地域によって多様である。各国の1次エネルギーの供給構造，とりわけ天然ガスの供給構造，エネルギー政策，金融・デリバティブ市場も含むエネルギー関連市場構造，新技術の導入状況，エネルギー関連企業を取り巻く雇用問題などの経営環境，などに違いがあるからである。

　エネルギー政策には多様な意図が込められている。軍事目的，エネルギー安全保障（安定供給先の確保），エネルギー関連産業での雇用確保，エネルギー関連の中小企業保護，補助金支出などによるエネルギー消費者保護，環境保全などである。天然ガス産業で規制緩和が進められ，法的，制度的枠組みが変更されても，多様な意図をもつエネルギー政策の重点の置き方によって規制緩和の進捗状況も国によって違ってくる。

　規制緩和，エネルギー関連デリバティブ市場の発達，新技術の導入など多様な条件が整って，天然ガス産業で自由化が進展すると，需給調整が数量調整中心から価格調整中心へと変化してくる。数量調整の場合には，その責任は供給者が負った。オランダやイギリスなどでは産ガス業者が季節生産調整を受け入れたし，幹線パイプライン会社や配給会社は貯蔵設備に予備能力をもって数量調整を行い，パイプラインでもライン・パックによって小規模だが数量調整が

行われた。予備能力への投資はコスト・ベースの価格設定方式によって回収しえた。

　しかし，自由化が進展して主に価格調整によって需給調整が行われるようになれば，需要家や裁定取引業者やデリバティブ市場参加者である金融関連業者が価格変動リスクを負うことになる。大口需要家やマーケッター（ディーラー，ブローカー）は短期的な市場の価格変動を見ながら天然ガスのみならずパイプライン輸送能力，貯蔵能力を売買し，裁定取引やデリバティブ取引などを行って，需給を調整するようになる。

　かくて，長期市場として成り立っていた天然ガス市場に短期市場が形成されることになる。この短期市場がうまく機能するためには市場参加者が多数で厚みのある市場が形成されなければならない。厚みのある市場では天然ガスの最終需要家のみならず，価格変動リスクを自ら取るマーケッター，デリバティブ専門業者，スペキュレーターなどのリスク・テイカーが参加し，活発な取引が行われる。その際に代替エネルギー価格が短期的な天然ガス価格変動の上限，下限になる。こうした厚みのある市場で信頼にたる相場が形成され，この短期市場の相場を基準に長期契約価格が決まってくる。

　1980～90年代に多様な自由化の条件が相対的に整ったアメリカとイギリスでは天然ガス市場が変貌を遂げた。長期契約の期間は20～25年から8～10年に短縮され，同時に短期市場が発展した。2000年における卸売り取引を見ると，アメリカでは50％が期間契約（term contract）である。イギリスでは期間契約の一形態である長期契約が70％で，契約期間が1～3年の期間契約が15％を占め，短期スポット取引が15％であった。大陸ヨーロッパではまだ在来型の20～25年の長期契約が多いが，契約期間が8～10年に短縮された期間契約も出てきている。

　規制が緩和され，短期的な需給調整が一段と重要になると，暖房用ガス需要のピーク時にガス供給を中断する契約が大口の工業需要家や発電業者と都市ガス会社との間で結ばれるようになる。大口需要家は供給中断量によって2～20％の価格割引を受ける。これらの大口需要家は，供給中断されたら燃料を転

換する。

　アメリカでは1998年の天然ガス総販売量の28％が供給中断可能契約によっていた。イギリスでは2000年の天然ガス総販売量の26％が供給中断可能契約によっていた。大陸ヨーロッパでも供給中断可能契約が結ばれているが，実際に供給中断が実施されることは少ない。

2．パイプライン取引の弾力化

(1) トレーディング・ハブの発展

　1985年にアメリカの連邦エネルギー規制委員会が制定し，1986年から施行された指令436号で州際幹線パイプラインにサード・パーティー・アクセス（TPA）が認められ，パイプライン網の結節点であるハブ（hub）で天然ガスの短期取引が行われるようになった。それ以前には幹線パイプライン会社や配給会社による数量調整によって天然ガスの需給調整が行われていた。

　指令436号が施行されて14年が経過した2000年には天然ガス取引が行われているトレーディング・ハブ（trading hub）がアメリカには39ヵ所あった。そのなかで最大規模の取引が行われているのが南ルイジアナのヘンリー・ハブである。ここでは12本の幹線パイプラインが接続されており，陸上，沖合いのガス田と東部，西部の大市場とが結ばれている。ヘンリー・ハブには岩塩ドームの大貯蔵所が3ヵ所ある。貯蔵所は需要の季節変動調整を行う設備としてだけではなく，自由化後は裁定取引を行うための重要な設備になっており，独立の貯蔵業者も現われている。

　ヘンリー・ハブでは天然ガス，パイプライン輸送能力，貯蔵能力が，長期，短期取引されている。ヘンリー・ハブの短期スポット取引価格が長期契約価格やデリバティブの先渡し（forward）取引価格，ニューヨーク商品取引所の先物（future）取引価格，パイプラインによる天然ガス輸入価格，LNG輸入価格などの基準になっている。ニューヨーク商品先物取引所の天然ガス先物取引の現物の受け渡しはヘンリー・ハブで行われている。

ヘンリー・ハブは厚みのある市場であり，一定量の天然ガスが多数の市場参加者の間を転々と取引されているが，そのチャーン・レシオ（churn ratio）は100：1である。つまり，一定量の天然ガスが最終的に引き取られるまでに100回取引されている。こうして，様々な取引価格の基準となる相場がヘンリー・ハブで形成されているのである。

イギリスではガス田から最終需要家までの距離が短いために，幹線パイプラインそのものがトレーディング・ハブの役割を果たしている。同国では自由化後もトランスコ（Transco）がパイプライン網を規制下で独占的に所有しているが，コンピューターによるそのパイプラインへの天然ガスの短期的な流出入調整がバーチャルな短期取引の場となり，ナショナル・バランシング・ポイント（the national balancing point, NBP）と呼ばれている。ここでのチャーン・レシオは17：1である。また，ロンドンの国際石油取引所では1997年に天然ガスのフューチャー取引が始められている。

大陸ヨーロッパではイギリスとベルギーを結ぶパイプラインであるインターコネクター（Interconnector）のベルギー側の出口であるジーブリュージュ（Zebrugge）とドイツのブンデ（Bunde）がトレーディング・ハブとして成長しつつある。ジーブリュージュのチャーン・レシオは7：1である。ブンデはまだハブとして誕生した段階である。これらのトレーディング・ハブのチャーン・レシオはヘンリー・ハブのそれに比べてまだ小さく，大陸ヨーロッパでの天然ガス短期取引がまだ初期段階にあることを示している。

規制緩和は天然ガス産業だけで進展しているだけではなく，関連産業では電力産業でも進展している。その結果，トレーディング・ハブでは天然ガス産業と電力産業との間でも裁定取引が行われている。電力市況に比べて発電用天然ガス価格が割高のときは，ガス火力を停止して，天然ガスをトレーディング・ハブで売却し，低コスト燃料の石炭で発電したり，スポット市場で電力を購入する。

こうして，天然ガス産業と電力産業との間でも裁定取引が発展する。また，それだけにとどまらず，両業界の企業が相互に進出しあうことになり，企業合

併や買収も欧米市場では顕在化している。

(2) 短期取引の課題

　天然ガス産業は需要が短期的に変動し易い産業である。冬場には暖房用ガス需要が増大するし，夏場には冷房用電力需要が伸び，ピーク・ロード用に天然ガスを使っていれば，短期的に発電用天然ガス需要も増大する。短期的な好況，不況によって産業用ガス需要も変動する。天然ガス産業の需要はこのように短期的に変動し，ある程度は貯蔵が利くので，市場が自由化され価格が変動し始めれば商品取引の対象になる。

　現在，アメリカの天然ガス上流部門における投資のリード・タイムは18ヵ月ほどであるから，需要が短期的に急増しても井戸元の供給力をそれに対応して直ちに拡大することはできない。パイプライン能力も同様である。かくて，2000年12月29日にヘンリー・ハブの天然ガス・スポット価格は10.52ドル／100万Btuにまで高騰した（EIA/DOE [2001a], [2001b]）。

　こうした価格高騰分がすべて最終需要家に転嫁されるわけではない。価格変動は先渡し取引や先物取引などによってヘッジされている部分もあるし，大口需要家を対象とした固定価格契約や家庭を対象とした定額料金制度もあるからである。

　しかし，価格が短期的に変動するようになると，いくらヘッジ手段を講じていても，その価格変動を確実に予見することはできない。したがって，長期的に巨額な建設コストが掛かるアラスカ・パイプライン建設や新規LNG輸入基地建設の判断が難しくなる。電力産業や肥料製造業などの大口需要家は価格変動を予見しにくい天然ガスを使うよりは，価格変動が安定的な石炭を使う場合も出てくる。

　需給調整が数量調整から価格調整に移り，需要家が相対価格の低い天然ガスを求めて価格変動に迅速に反応するようになると，供給者もそれに対応せざるをえなくなる。供給者はリストラクチャリングによってコア・ビジネスへ特化したり，リエンジニアリングによる外部委託や予備能力の削減に努め，ジャス

ト・イン・タイム制を導入して在庫も削減しようとする[5]。

アメリカでは天然ガスの州際幹線パイプラインに対しては連邦エネルギー規制委員会の規制が残っているが、これは州際幹線パイプラインが自然独占力を発揮して、パイプライン託送料を競争制限的水準にまで引き上げるのを阻止するためである。19世紀からの独禁規制の歴史がここにも生きている。パイプラインに安定供給義務を課し、十分な予備能力をもたせるためのコスト・ベースの価格規制ではない。

アメリカでは規制緩和によって市場に競争が導入され、とくに大口需要家向け天然ガス価格が低下したから、消費者への利益還元という規制緩和の狙いがかなり達成されたと言えよう。しかし、価格変動が大きくなって長期的な投資の判断が難しくなったことは、規制緩和時代のアメリカ天然ガス産業が抱えた新たな課題である。

イギリスも天然ガス産業に対する規制を撤廃したわけではない。独禁的規制は競争委員会（Competition Commission）が担当しており、天然ガス産業に対する公的な業務監視はガス・電力市場局（Ofgem, Office of Gas and Electricity Market）が行っている。

ガス・電力市場局が実施している現行規制の基本的な考え方は、アメリカの連邦エネルギー規制委員会が州際幹線パイプラインに対して行っている規制の考え方とは違っている。イギリスでは認可制の下でパイプライン会社であるトランスコ（Transco）、天然ガス販売業者であるサプライヤー（Supplier）、輸送業務取り扱い業者であるシッパー（Shipper）が輸送関連業務を行っており、これらの業者には安定供給を維持する義務が課されている。その義務に違反した場合には処罰される。

(3) パイプラインによる国際貿易

2001年の世界の天然ガス貿易は6,700億 m^3、石油換算1,400万バレル／日強である（表1－9参照）。同年の世界の石油貿易は4,400万バレル／日であるから、天然ガス貿易は石油貿易の32％ほどである。世界の天然ガス消費量は石油

消費量の60%の規模であるから（表1－1参照），石油との比較で言えば，世界の天然ガス消費は貿易に依存する割合が相対的に小さいことがわかる。輸送距離が長くなればなるほどパイプラインでもLNGでも天然ガスの輸送コストは石油の輸送コストよりもはるかに大きくなるから，天然ガス貿易の発展には制約要因があった。

1998～2001年の期間で見ると，世界の天然ガス貿易のおよそ78～79%はパイプライン貿易であり，21～22%がLNG貿易である（表1－9参照）。2001年における世界の天然ガス・パイプライン貿易で最大の輸入市場はOECDヨーロッパであり，その輸入量は2,710億m³，世界の天然ガス・パイプライン輸入量の52%を占めている（表1－10参照）。パイプラインによるOECDヨーロッパへの最大の供給国は，世界最大の天然ガス埋蔵量が賦存しているロシアである（第2章参照）。OECDヨーロッパは2001年にはロシアから1,170億m³，輸入

表1－9　世界の天然ガス貿易 (10億m³, %)

	1998	1999	2000	2001
パイプライン貿易	423	462	499	524
構成比	78.5	78.4	77.8	78.2
LNG貿易	116	127	142	146
構成比	21.5	21.6	22.2	21.8
合計	539.0	589.0	641.0	670.0
構成比	100.0	100.0	100.0	100.0

（出所）表1－2に同じ。

表1－10　世界の天然ガス・パイプライン貿易，2001年 (10億m³, %)

輸入国＼輸出国	カナダ	オランダ	ノルウェー	イギリス	ロシア	アルジェリア	その他	合計	構成比
OECDヨーロッパ		41	53	14	117	29	17	271	52
アメリカ	107							107	20
その他					66	1	79	146	28
合計	107	41	53	14	183	30	96	524	
構成比	20	8	10	3	35	6	18		100

（出所）表1－2に同じ。

総量の43%を輸入した。フランスやドイツなどのヨーロッパ大陸の天然ガス大消費国はエネルギー供給安全保障の観点から，輸入先をロシア，オランダ，ノルウェー，アルジェリアなどに分散化している（Mabro & Wybrew-Bond [1999]）。

天然ガス・パイプライン貿易の世界第2位の輸入市場はアメリカであり，2001年には1,070億 m³，世界の天然ガス・パイプライン輸入量の20%を占めていた。アメリカはほぼ全量をカナダから輸入しているが，メキシコからも2億9,000万 m³を輸入している。メキシコ湾沖やロッキー山脈には多くの天然ガス埋蔵量があるが，これらの天然ガスを開発するよりもカナダから輸入したほうが安価なために，1980年代末から輸入が増えている。

規制緩和が進展し，アメリカ国内の天然ガス市場では自由化が進み，短期市場が発達しているから，カナダの天然ガス輸出価格もアメリカ国内の天然ガス短期市場価格に連動している。

ヨーロッパでは，イギリスとベルギーを結ぶパイプラインであるインターコネクターのベルギー側のハブであるジーブリュージュで短期市場が拡大しているが，ヨーロッパ大陸では天然ガス貿易で短期市場が十分に発展しているわけではない。

天然ガス・パイプライン貿易の範囲はパイプライン網が及んでいる範囲に限定されるし，その貿易自由化の進捗状況は輸入国市場の自由化の進展動向に決定的に制約される。したがって，天然ガス・パイプライン貿易によってグローバルな天然ガス市場を形成するには限界があり，天然ガス価格には規制緩和後にも相対的に大きな地域差が残っている。

3．LNG貿易の弾力化

(1) 短期取引の拡大

1998〜2001年で世界のLNG貿易量は天然ガス貿易量の21〜22%ほどであるが（表1-9参照），2001年のLNG貿易量1,459億 m³のうち777億 m³，全体の53.2%を日本が輸入している。日本のLNG輸入量に韓国の輸入量212億 m³と

第1章 拡大期に入った世界の天然ガス産業　39

台湾の72億m³を加えると1,061億m³となり，全体の72.7％に達する（表1－11参照）。輸入量から言えば，LNG貿易はパイプライン貿易が難しい東アジア中心の貿易になっている。

2001年で日本は国内天然ガス消費量の97％をLNG輸入に依存している。韓国，台湾は国内消費量の全量をLNG輸入に依存している。これら3ヵ国への輸出国は環太平洋と中東の産ガス国である。

2001年のアメリカの天然ガス消費量は6,080億m³で世界最大であるが，同国はパイプラインで1,070億m³の天然ガスを輸入し，LNGでは59億m³しか輸入しておらず，LNGの輸入依存度は1.0％である。天然ガス市場が自由化されたアメリカではLNG輸入価格は主としてヘンリー・ハブの天然ガス・スポット価格にヘンリー・ハブから輸入港までの天然ガス輸送コストを加えた水準で決まっている。その価格が100万Btu当たり3.0～3.5ドルの水準になれば高コストのLNG輸入であっても十分に採算に乗る。

2001年のOECDヨーロッパの天然ガス消費量は4,900億m³であり，LNG輸入量は398億m³で，その輸入依存度は8.1％である。OECDヨーロッパと言っ

表1－11　世界のLNG貿易，2001年　　　　　（10億m³）

輸出国＼輸入国	オーストラリア	アメリカ	アルジェリア	ブルネイ	インドネシア	リビア	マレーシア	ナイジェリア	オマーン	T.トバゴ	アラブ首長国	カタール	その他	合計
ベルギー			2.3					0.2						2.5
フランス			9.8					1.0						10.8
ギリシャ			0.5											0.5
イタリア			2.2					2.5						4.7
ポルトガル								0.3						0.3
スペイン			4.7		0.8			1.6	0.6	0.5	0.1	0.7	0.7	9.7
トルコ			3.6					1.2						4.8
アメリカ			1.8					1.0	0.3	2.8		0.6		6.5
日本	10.4	1.8		8.5	25.0		16.0				7.2	8.8		77.7
韓国	0.1			0.8	5.2		2.9		5.1		0.2	6.5	0.4	21.2
台湾	0.1				4.2		2.9							7.2
合計	10.6	1.8	24.9	9.3	34.4	0.8	21.8	7.8	6.0	3.3	7.5	16.6	1.1	145.9

（出所）表1－2に同じ。

ても現状ではLNG輸入国はフランスと南ヨーロッパ諸国であり，輸出国のアルジェリア，ナイジェリアなどに相対的に近く，天然ガスがパイプラインで輸出されるロシアやノルウェーに遠い国である。

LNG取引契約はテイク・オア・ペイ条項とエクス・シップ条項付きの20～25年の長期契約が一般的であったが，LNG取引にも短期スポット取引やスワップ取引など弾力的な取引が増えつつある。1992年には短期スポット取引とスワップ取引の合計量は11億m^{3}で，世界のLNG貿易合計の1.3%でしかなかったが，2001年には114億m^3，世界のLNG貿易量合計の8%を占めるまでに拡大してきた。

(2) 短期取引の拡大要因

このように短期スポット取引やスワップ取引が増えてきた第1の要因はLNGプロジェクト・コストの低下にある。LNGプロジェクトは資本集約的で規模の経済が働く典型的なプロジェクトである。その結果，液化設備の名目コストは1960年代にはLNG1トン／年当たり550ドルであったが，1970～80年代には350ドルに低下し，1990年代には200ドル弱までに低下した。

LNG船の名目建設コストも低下している。1980年代末～90年代初頭には13万5,000トン級の建設コストは2億5,000万ドルであったが，2001年には1億7,000万ドルに30%強も低下している。

LNGプロジェクトのコストが下がってくると，産ガス国は20～25年の長期契約で全量を販売する必要はなくなる。長期契約を十分確保しえない場合には，むしろ，一定量を短期契約で輸出してでも，プロジェクトの稼働率を高めたほうが有利になる。短期スポットでの輸出量が多い国は，2001年ではアルジェリア（26億m^3），カタル（26億m^3），インドネシア（19億m^3），トリニダード・トバゴ（14億m^3），ナイジェリア（12億m^3）である。アルジェリアとインドネシアはLNG輸出に歴史のある大産ガス国であり，カタール，トリニダード・トバゴ，ナイジェリアは新興のLNG輸出国である。

2001年におけるこれら諸国の短期輸出契約量の割合はナイジェリアがLNG

生産能力の17%, カタルが13%, アブダビ (アラブ首長国連邦) が12%であるが, オマーンは50%にも達している。とくに, カタルなどの中東産ガス国からスエズ運河経由でイギリスまで輸送した場合, その輸送距離は中東から日本などの東アジアまでの距離と同じである。したがって, スポット販売では市況が堅調な市場を選んで天然ガスを回すことになる。その結果, 裁定取引効果が多少とも発生して, 遠く隔たったヨーロッパのLNG市場と東アジアのLNG市場が緩やかな関連性をもつようになった[6]。

このように新興LNG輸出国が出現してきたために, LNG貿易が売り手市場から1990年代後半には買い手の言い分がある程度通る市場に変化してきている。この変化が長期に続くかどうかは現状では必ずしも明確ではない。現状では長期契約を結んだLNG輸入国が需要の伸びに合わせて段階的に輸入量を増やしているが, それに対する産ガス国の供給力には余裕がある。2001年末には液化プラントの余剰能力は世界全体で120億m^{3}ほどである。LNG短期取引が増えている第2の要因はこの余剰能力の存在にある。

しかし, LNGの潜在的な供給力はアルジェリアをはじめとする上述の産ガス国にも, ベネズエラなど新規にLNG市場に参入しようとしている産ガス国にもあるから, LNG市場の供給サイドからの弾力化は長期化する可能性もある。LNGの長期的な供給動向はとくにヨーロッパやアメリカではパイプライン貿易の動向とも密接に関連してくる。

2001年では世界で128隻のLNG専用タンカーが運航されているが, このうち長期用船されておらず, スポット用船に回せるLNG専用タンカーは5〜6隻だけである。しかし, 世界的な天然ガス需要の増大を背景に2002年末には53社がLNG専用タンカーを発注している。そのうち23隻については特定の長期プロジェクトが未定である。いわゆる,「自由籍船」('free ship') の建造であり, これらが2004年以降にはスポット用船に回されることになる。

たとえば, 国際石油会社大手 (メジャー) のBPやシェル (Shell) はLNG長期契約が成約されていないのにLNG専用タンカーを発注しているし, 独立系船会社, 日本やアメリカの電力会社や都市ガス会社も自社専用タンカーを発注

している。BPやシェルなどは短期LNG取引の拡大を見込んでLNG専用タンカーを発注しているし，日本の電力会社や都市ガス会社は自社船を保有することで長期契約条項を弾力化しようとしている。

　LNG貿易で短期スポット，スワップ取引が増えている第3の要因は，輸入国の天然ガス市場で規制緩和が進展していることにある。たとえば，アメリカで天然ガス価格が高騰した2000年末から2001年初頭には長期契約で調達しているLNGの一部がヨーロッパからアメリカに回され，ヨーロッパではインターコネクターを使って不足分が短期スポットで購入された。ヨーロッパの長期契約LNG価格は中間留分の石油製品価格にリンクされているから，アメリカの天然ガス価格より相対的に安定しており，アメリカとの間で十分に裁定取引が可能であった。この裁定取引の結果，2001年1月にはイギリスのナショナル・バランシング・ポイント（NBP）の価格は100万Btu当たり4.75ドルにまで上昇した。大西洋を跨いだ欧米間では天然ガス価格も国際的に連動し始めたのである。

　LNG貿易が拡大してきたためにアメリカでは輸入基地（LNGタンクや再ガス化プラント，港湾設備など）が不足している（第3章参照）。ヨーロッパでもイタリア，スペインで輸入基地が不足している。規制緩和によってLNGタンクにもサード・パーティー・アクセス（TPA）を認める措置が取られているが，問題はこれから新規に建設するLNGタンクである。これから新規に建設されるLNGタンクにまでサード・パーティー・アクセス（TPA）を認めたのでは新規建設が困難になると判断され，アメリカでは新規に建設されるLNGタンクにはサード・パーティー・アクセス（TPA）を認めない方針が打ち出されている（EIA/DOE [2001a]）。

(3) 長期契約の弾力化

　短期契約が増えているとは言え，2001年でもLNG貿易量の92％は長期契約であるから，LNGの売り手にとっても買い手にとっても長期契約の内容に重大な関心が払われている。世界の主要な消費国での天然ガス市場の弾力化や

LNG 供給余力の存在を背景に，LNG 貿易の長期契約も弾力化し始めている。LNG 長期契約の期間は20～25年であったが，15年あるいは3～8年の中期契約も出てきており，テイク・オア・ペイ条項も緩和されつつある。

ヨーロッパ向け LNG 貿易ではシェルがオマーン LNG（Oman LNG）と年間70万トンを引き取る5年契約を結んだ。引取り開始は2002年であり，仕向け地はスペインである。BP はアブダビのアドガス（Adgas）と年間最大75万トン，2002年から3年間の契約を結んだ。この引取り量は弾力的で30万トン，50万トン，75万トンに変更可能である。所有権の移転は本船渡し（FOB, free on board）である。

スペインのガス・ナチュラル（Gas Natural）はカタルガス（Qatargas）との間で2001年から2009年まで年間12～13カーゴの LNG を FOB ベースで引き取る契約を結んだ。所有権の移転はエクス・シップ（ex-ship）ベースである。

アジア向け LNG 長期契約も弾力化してきている。2002年2月に日本の東京ガス，大阪ガス，東邦ガスとマレーシア LNG（Malaysia LNG, Tiga）との間で結ばれた契約では，年間68万トンで20年間，追加分として年34万トンが引き取られる。この追加分の引取り量は毎年変更される。引取りは2004年から始まる。この短期契約と長期契約の組合せによって在来の契約では年間引取り量を5～10%しか変更しえなかったが，この契約では40%の変更が可能になった。

2003年3月で契約満了となり2003年4月から更新された東京電力，東京ガスとマレーシア LNG との契約では，東京電力が年間最大480万トン，東京ガスが年間最大260万トンを15年間にわたって引き取ることになった。この引取り量のうち東京電力は年間70万トン，東京ガスは年間50万トンの引取り量を変更できる。いわゆる，「短期数量」が導入されることになった。一部数量は FOB 化され，買い手の LNG 専用タンカーを弾力的に運航することで，輸送コストの圧縮も可能になる。この契約では日本での規制緩和，競争の促進を反映して，両社はマレーシア LNG と別々に交渉することとなった。

LNG 貿易は現状では長期契約が中心であるから，中期的な LNG 需給動向ならばプロジェクトの積上げベースである程度予測することができる。世界では

2010年までにLNG需要は倍増し，長期契約が80％台，短期契約が15～20％ほどになろう。LNGの再ガス化前までのコストの40％が輸送コストであるが，国際石油会社大手であるエクソン・モービル（ExxonMobil）の見解によるとLNG専用タンカーの規模は今後さらに大型化され，単位輸送コストは低下する。それによってLNGをさらに遠距離まで運ぶことが可能となり，地域市場間の連動性もさらに出てくる。

　LNG市場はアメリカとヨーロッパとの間の大西洋市場と日本を中心とするアジア市場に分けられてきた。LNG市場としては大西洋市場のほうがアジア市場よりも弾力化している。アメリカやイギリスのほうが電力産業や都市ガス産業の自由化が進み，天然ガスの需給調整が数量調整から価格調整に移り，しかも，電力部門を中心とした天然ガス需要の伸びを上回るスピードで供給力が拡大しているからである。アルジェリア，ナイジェリア，カタルなどの産ガス国での設備増強と，トリニダード・トバゴ，エジプト，ベネズエラなどの新興産ガス国の台頭が注目されている。しかし，大西洋市場ではすでにLNGに供給余力があるために，新興産ガス国には不利な状況となっている。

　アジア市場では消費国のエネルギー産業の規制緩和がまだ初期段階にあること，世界最大のLNG輸入国の日本では原子力の将来的位置付けがはっきりしていないこと，中国やインドなどの新興市場諸国でのLNG需要の伸びに不確定要素が多いことなどから，LNG市場の弾力化も大西洋市場には遅れを取っている。しかし，そのアジア市場でもLNGの長期契約が弾力化し，日本，韓国，台湾間などですでに裁定取引が始まっており，LNG貿易の弾力化も始まっている。

　供給国としては中東産ガス国が裁定取引を始めたことで，大西洋市場とアジア市場が緩やかに連動されだした。また，電力，都市ガス会社などの最終需要家による天然ガス産業の上流部門への参加も始まっている。世界のLNG取引も徐々に弾力化してきているのである。

　一般論として言えば，国際貿易や国際投資の発展は世界的な規模で資源配分を効率化する。天然ガス貿易の発展もその例外ではない。国際1次エネルギー

市場を想定すれば，1960年代には世界的に石油依存を高めた結果，石油危機が起きた。天然ガス貿易が発展することで国際 1 次エネルギー市場でのオプションが増え，1 次エネルギーの配分が国際的規模で一段と効率化するからである。

石油に比べ天然ガスは資源賦存が分散化されており（第 2 章参照），OPEC のような資源カルテルも存在していないから，消費国ではエネルギー安全保障が相対的に高い 1 次エネルギーであると見られている。技術革新などによる天然ガスの供給および消費サイドでのコスト低下は天然ガス産業の参入障壁を低下させた。主要消費国での規制緩和は天然ガス市場を競争化し，相対価格の低下から天然ガス消費を拡大させている。さらに，石油や石炭よりも環境保全に適合的な 1 次エネルギーであることが天然ガス消費の拡大を促している。かくして，天然ガスは21世紀をとおして中長期的に需給の拡大していく 1 次エネルギーである，と考えられているのである（IEA［2002a］）。

[注]

1) 2001年のドバイ原油スポット価格平均は22.8ドル／バレルであったが，同年のドル価値で計算して1980年には75ドル／バレル，1974年には42ドル／バレルであった（"BP statistical review of world energy June 2002"より算出した）。
2) イギリスでは2001年 4 月から気候変動税が産業，商業，農業，公共部門で電力，都市ガス，LPG を使用した場合に課されている。ただし，風力発電，太陽光，太陽熱利用のプラントには課税されない。

気候変動協定がエネルギー多消費産業と政府の間で結ばれ，エネルギー効率をこの協定に基づいて高め，エネルギー消費，温暖化排出物を削減した企業には気候変動税が80％減免される。

気候変動税を補完する措置として排出権売買も行われている。それによって京都議定書の基準を個別企業が達成するためのコストを削減する。

カーボン・トラストは企業が低炭素排出技術を採用する際に競争力上の負担にな

らないように，資金援助を行う機関である。その資金は気候変動税による税収から支出される。
3) ヨーロッパの幹線パイプライン総延長距離数は1965年が4万7,600km，1975年が9万8,000km，1993年が17万8,400kmであった（Stern [1998]）。
4) 随伴ガスの場合には，原油生産量によって随伴ガス生産量が決まってくるために，天然ガス需要の季節変動に合わせて随伴ガス生産量を調整することは難しい。
5) 自由化後，アメリカの天然ガス生産，輸送，貯蔵設備の稼働率は高まっている。西部のパイプライン稼働率は近年95％にも達している（IEA [2002d]）。
6) 2001年にLNGをスポットで最も多く輸入したのはアメリカの41億m^3，次いで日本の22億m^3強，スペインの22億m^3，韓国の19億m^3などであった（IEA [2002d]）。

[出所]

経済産業省資源エネルギー庁編 [2000]『見つめよう！ 我が国のエネルギー』経済産業調査会.
熊崎 照 [1996]『ガス体エネルギー』オイル・リポート社.
矢島正之 [2002]『エネルギー・セキュリティー』東洋経済新報社.
BP [2002] BP statistical review of world energy, June 2002.
CEDIGAZ [2000] Natural Gas in the World, 2002 Survey.
EIA/DOE [2001a] US Natural Gas Markets, Recent Tends and Prospects for Future.
EIA/DOE [2001b] US Natural Gas Markets, Mid-Term Prospects for Natural Gas Supply.
EIA/DOE, http//www.eia. doe.gov./oil-gas/natural-gas/restructure/html
Flavin, C., Lenson, N. [1994] *Power Survey*, New York, W. W. Norton & Company, Inc. （山梨晃一訳 [1995]『エネルギー大潮流』ダイヤモンド社.）
Groenendaal, W. J. H. [1978] *Economic Appraisal of Natural Gas Prospects*, Oxford, Oxford University Press.

IEA [1992] Energy Policies of IEA Countries, 1992 Review.

IEA [1994] Natural Gas Transportation.

IEA [1995] The IEA Natural Gas Security Study.

IEA [1996] Asia Gas Study.

IEA [1997] Natural Gas Technologies : a Driving Force for Market Development.

IEA [2002a] World Energy Outlook.

IEA [2002b] Energy Policies in IEA Countries, 2002 Review.

IEA [2002c] Energy Policies of IEA Countries, the United Kingdom 2002 Review.

IEA [2002d] Flexibility in Natural Gas and Demand.

IEA [2002e] Energy Policies of IEA Countries, Germany 2002 Review.

IEA [2002f] Developing China's Natural Gas Market.

Mabro, R., Wybrew-Bond I. [1999] *Gas to Europe*, Oxford, Oxford University Press.

Miyamoto, A. [2002] "Natural Gas in Japan", Bond, I. W. and Stern J. ed., *Natural Gas in Asia*, Oxford, chapter 4, Oxford University Press.

Stern, J. P. [1998] *Competition and Liberalization in European Gas Market*, London, Royal Institute of International Affairs.

第 2 章
世界の天然ガス供給動向
中村玲子

第1節　天然ガスの埋蔵量

1．資源賦存状況

　フランスの天然ガス研究機関 Cedigaz によれば，世界の天然ガス確認埋蔵量は2002年初現在177兆8,200億 m^3 で，グロス（国内需要＋輸出＋焼却＋ロス）の生産量を基準にすれば可採年数は56年，商業化量（国内需要＋輸出）を基準にすれば可採年数は70年弱である。また未だに未開発地域も多く，原油の可採年数が40年強であることを考慮すれば，天然ガス資源のポテンシャルは原油に比べ格段に大きい。世界全体の確認埋蔵量の内，約40％，70兆7,380億 m^3 が中東に，31％の55兆8,800億 m^3 が旧ソ連に賦存し，この2地域だけで世界の天然ガス資源の7割を有する。残りをアジア8.6％，アフリカ7.4％が占め，北米は3.9％，欧州は4.1％を占めるに過ぎない。なお，ここで言う中東とはイランからイスラエルまでの地域を指し，北アフリカを含まない。

　国別には，ロシアの埋蔵量が最大で46兆4,750億 m^3 と世界全体に占めるシェアは26％にのぼり，次いでイランが26兆1,000億 m^3 （14.7％），カタル25兆7,680億 m^3 （14.5％）と続く。10兆 m^3 以上の埋蔵量を持つ国はこの3カ国しかなく，4番目にようやくサウジアラビアが6兆3,400億 m^3 （3.6％），5番目にアブダビが5兆620億 m^3 （3.1％）となる。日本の主要なガス輸入相手先であるインドネシアの確認埋蔵量は3兆8,000億 m^3 ，マレーシアは2兆3,900億 m^3 ，ブルネイに至っては3,560億 m^3 の埋蔵量で，3カ国合計の確認埋蔵量は世界全体の3.7％にしか過ぎない。またアメリカの埋蔵量は5兆3,500億 m^3 と世界の3.0％，欧州全体も7兆8,270億 m^3 で，世界に占めるシェアはわずかに4.4％である（表2－1）。

　天然ガスは原油と同様の生成過程によって作られた炭化水素資源であり，原油がペンタン（炭素数5）以上の炭素と結合した炭化水素化合物であるのに対し，天然ガスはメタン，エタン，プロパン，ブタンなど，炭素数が4以下の軽

表2－1　世界の天然ガス確認埋蔵量と生産量

	確認埋蔵量（2002年初）		生産量（2001年）	
	量（10億 m³）	シェア（％）	量（10億 m³）	シェア（％）
北米	7,010	3.9	737.12	28.8
カナダ	1,660	0.9	186.81	7.3
アメリカ	5,350	3.0	550.31	21.5
中南米	8,033	4.5	137.39	5.4
アルゼンチン	764	0.4	37.15	1.5
ボリビア	790	0.4	4.05	0.2
ブラジル	229	0.1	5.95	0.2
メキシコ	797	0.4	35.31	1.4
ペルー	255	0.1	0.37	0.0
トリニダード・トバゴ	558	0.3	15.19	0.6
ベネズエラ	4,163	2.3	31.71	1.2
その他	477	0.3	7.66	0.3
ヨーロッパ	7,827	4.4	305.66	12.0
ドイツ	254	0.1	21.44	0.8
オランダ	1,616	0.9	72.26	2.8
ノルウェー	3,833	2.2	54.60	2.1
イギリス	1,111	0.6	105.90	4.1
ルーマニア	322	0.2	13.00	0.5
その他	322	0.2	13.00	0.5
旧ソ連	55,880	31.4	725.09	28.4
アゼルバイジャン	1,370	0.8	5.65	0.2
カザフスタン	1,900	1.1	11.60	0.5
ロシア	46,475	26.1	580.80	22.7
トルクメニスタン	2,900	1.6	51.30	2.0
ウクライナ	1,100	0.6	18.30	0.7
ウズベキスタン	1,850	1.0	57.00	2.2
その他	285	0.2	0.44	0.0
アフリカ	13,107	7.4	129.55	5.1
アルジェリア	4,523	2.5	80.00	3.1
エジプト	1,557	0.9	21.20	0.8
リビア	1,314	0.7	6.18	0.2
ナイジェリア	4,500	2.5	15.68	0.6
その他	1,213	0.7	6.49	0.3
中東	70,738	39.8	233.80	9.2
アブダビ	5,620	3.2	34.10	1.3
イラン	26,100	14.7	61.50	2.4
イラク	3,109	1.7	2.76	0.1
クウェート	1,557	0.9	9.50	0.4
オマーン	946	0.5	13.97	0.5
カタル	25,768	14.5	32.40	1.3
サウジアラビア	6,340	3.6	53.69	2.1
イエメン	479	0.3	0.00	0.0
その他	819	0.5	25.88	1.0
アジア・オセアニア	15,225	8.6	286.46	11.2
オーストラリア	3,550	2.0	33.80	1.3
バングラデシュ	464	0.3	9.90	0.4
ブルネイ	356	0.2	10.35	0.4
中国	1,560	0.9	30.30	1.2
インド	645	0.4	22.75	0.9
インドネシア	3,800	2.1	66.30	2.6
マレーシア	2,390	1.3	53.66	2.1
ミャンマー	287	0.2	7.20	0.3
パキスタン	750	0.4	23.40	0.9
パプアニューギニア	428	0.2	0.11	0.0
その他	995	0.6	28.69	1.1
世界計	177,820	100.0	2,555.07	100.0

出所：Cedigaz, Natural Gas in the World 2001.

質炭化水素化合物である。天然ガスは原油の生産に付随して産出されるガスと，原油を伴わずガスのみが産出されるガスに分けられる。前者は随伴ガス，後者は構造性ガスと呼ばれる。随伴ガスは世界のガス確認埋蔵量の25％程度であるとされるが（IEA［2001］），原油の生産量によって生産量が影響を受けるため，安定的供給という面では問題もある。構造性ガスの場合は一定の量を継続的に生産することが可能であるため，液化天然ガス（LNG）輸出プロジェクトなどに適している。

また天然ガスはその組成によってウェット・ガスとドライ・ガスに分けられる。通常，炭化水素資源は高温高圧の状態で地下に賦存しているが，ウェット・ガスは地表に出た場合，つまり常温常圧下で液体となる成分を含むガスを指す。生産されたウェット・ガスはセパレーターで分離されドライ・ガスとLPガス，天然ガソリンなどに分けられる。一方，常温常圧下で液体となる成分を含まないガスをドライ・ガスと呼ぶが，その成分はメタン，エタンである。世界の天然ガス生産の内35％程度はウェット・ガスとされる。さらに天然ガスは他に様々な成分を含むが，ウェット・ガスの中で硫黄分並びに硫黄化合物の多いガスをサワー・ガスと呼ぶ。サワー・ガスはウェット・ガス生産の約30％程度を占め，商業的にガスを利用する場合，この硫黄分を除去する必要があるため，通常のウェット・ガスに比べて生産コストは高くなる。ノルウェーのトロール・ガス田やカタルのノース・フィールドガス田から生産される天然ガスはサワー・ガスである。

原油と天然ガスの生成が同じであることから，その埋蔵量分布は一致する場合が多く，原油同様，天然ガス資源も旧ソ連と中東に多く賦存する。ただし原油の埋蔵量分布状況に比べると，天然ガスは中東の比率が原油ほど大きくないという点に特徴がある。むろん中東のシェアである4割は大きく，しかもこれまであまり開発もなされてこなかったために，中東の天然ガス資源ポテンシャルは大きい。しかし原油の場合は確認埋蔵量の実に3分の2が中東に存在することを考慮すれば，天然ガス資源は若干とはいえ多様な地域に賦存する。

2. 増加するガス埋蔵量

原油の確認埋蔵量がここ10年ほど横ばいでほとんど増加していないのに比べ、天然ガス確認埋蔵量は順調に増加していることが特徴となっている。1970年に39兆m³だった世界の天然ガス確認埋蔵量は、10年後の1980年には2倍弱の77兆m³へ増加、さらに1990年に129兆3,180億m³、2002年には177兆8,200億m³へと32年間で4.6倍、年平均で4.8％増加している（表2−2）。増加テンポが多少鈍った1990年代でも、年平均増加率は2％強を維持している。一方、原油確認埋蔵量は1970年の6,114億バレルから2001年には1兆315億バレルと、31年間で7割弱の増加、年平均では1.7％の増にとどまり、天然ガスの増加に比べれば遥かにその増加割合は小さい。1970年は熱量換算で天然ガスの確認埋蔵量は原油の50％しかなかったが、2000年には原油を上回った（天然ガス1,000m³＝0.9石油換算トンで計算、Cedigaz [2000]）。

このように天然ガスの確認埋蔵量は原油のそれを大きく上回る伸びを示しているが、それは第1章で見たように、世界の天然ガス需要が様々な要因によって増加している、あるいは今後も石油を上回る増加が期待されることで、開発

表2−2　世界の原油と天然ガス確認埋蔵量推移

	1970	1980	1990	2000	2002*	2002シェア（％）	1970/2002年平均増加率（％）
原油（10億バレル）	611.4	651.3	999.1	1,027.9	1,031.6		1.7
天然ガス（10億m³）	39,443	76,871	129,318	159,041	177,820	100.0	4.8
内北米	9,428	8,015	7,464	6,459	7,010	3.9	−0.9
欧州	4,053	4,497	6,044	8,116	7,827	4.4	2.1
旧ソ連	12,086	31,000	52,000	56,072	55,880	31.4	4.9
中東	6,618	18,527	37,834	54,386	70,738	39.8	7.7
アジア・オセアニア	1,550	4,796	10,565	14,757	15,225	8.6	7.4

出所：原油は Oil & Gas Journal、各年末号。
　　　天然ガスは Natural Gas in the World, 2000, 2002, Cedigaz。
注＊：原油のみ2002年のデータではなく2001年のデータ。

が促進されたことによる。メジャーを初めとする石油企業の多くは，第1次石油危機以降，積極的な天然ガス開発政策を進めた。とくに1990年代にはその傾向を強め，石油会社の上流部門開発投資も石油に比べて天然ガス開発が重視され，石油を上回るガス埋蔵量の増加が実現した。

例えばアメリカにおける石油・ガスの探鉱・開発用リグ稼働数を見ても，1994年初には石油と天然ガスの稼働リグ数はほぼ同数だったが，その後は天然ガス開発用リグ稼働数が石油のそれを大きく上回り，2000年末には4倍近くになっている（DOE/EIA [2001]）。また石油会社の例をあげるならば，ロイヤル・ダッチ・シェルは1990年代半ばから天然ガス事業を重視する姿勢を打ち出し，探鉱・開発はもちろんのこと，1996年には天然ガス部門の中に発電部門を設置し，翌1997年に発電事業への本格的参入を果たしている。このように，ガス事業の重視，並びに上流部門においてはガス開発を積極化するという石油会社の戦略が，天然ガス開発を促して確認埋蔵量の追加を生んだ。

一方，天然ガス資源保有国側の積極的な開発姿勢もガス埋蔵量の増加の大きな要因である。その背景としては，天然ガス液化技術，輸送技術，さらにパイプライン技術の発達，コスト削減などによって，消費地から遠いガス資源（Remote Gas）のガス輸出が可能になったことがある。1980年代以降の世界のガス確認埋蔵量は，米国や欧州といった伝統的なガス市場から遠い旧ソ連，中東，アジア・オセアニアなどで顕著に増加しているが，こうした地域における天然ガス開発の促進は，これら地域や国からの天然ガス輸出の可能性が高まったことと無縁ではない。

同時に，かつては開発・生産が困難だった沖合における天然ガス開発も進展した。1970年から2000年にかけて世界の天然ガス確認埋蔵量は5倍弱に増加したが，沖合の天然ガス確認埋蔵量は1970年の44億m^3から2000年には520.5億m^3へと10倍以上増加し，世界の確認埋蔵量に占める割合も1970年の11.2％から，2000年には32.9％に拡大した（Cedigaz [2000]）。

つまり，1970年代以降の天然ガス確認埋蔵量の増加は，天然ガス需要の急成長が期待される中で，技術革新などによって開発，生産，輸送コストが低減し

た結果，消費地から遠い地域やこれまで開発が困難だとされてきた沖合などにおけるガス資源発見，開発が進んだことが大きく寄与している。また，ここで注意しなければならないことは，埋蔵量の増加は需要の増加並びに需要増加見通しによって大きく影響を受けるという点である。つまり，ここ20年ほどの天然ガス埋蔵量の増加は，その商業的利用価値が高まったことを反映したものだということである。天然ガス需要が将来的にも石油を上回る規模で増加するのであれば，埋蔵量もまた，増加することは必至である。

第2節　生産の歴史と現状

1．生産地の分布

世界の天然ガス生産量（商業化量）はガス確認埋蔵量と同じく，1970年代から大きな増加傾向を示している。とくに1970年代から1980年代にかけての増加は著しく，1970年の1兆410億 m^3 から1990年には約2倍の2兆6,830億 m^3 と増加した。20年間の年平均増加率は2.3％で，1990年代に入り増加テンポは鈍るが，それでも年平均1.9％と，石油生産に比べて増加幅は大きい（表2－3）。

2001年における世界の天然ガス生産量2兆5,550億 m^3 の内，北米の生産量は28.8％，旧ソ連が同様に28.4％を占め，これに欧州の12％を加えれば，3地域だけで世界のガス生産の約7割を占める。北米，欧州，2地域合計の天然ガス確認埋蔵量は世界の8％強であり，資源量の大きさに比べ，両地域の生産が大きいことが特徴である。反対に，中東地域のガス確認埋蔵量は世界の4割近くにのぼるが，ガス生産量はわずか9.2％にしか過ぎない。

このように，天然ガスの生産は地域的に偏在しているが，資源量に正比例して生産が偏っているわけではなく，消費に伴って生産が大きいということを特徴としている。第1章で見たとおり，2001年の北米，欧州の天然ガス消費は世界全体の約2分の1を占め，旧ソ連を含めれば3地域のガス消費は世界のガス

表2－3　世界の天然ガス生産推移

	1970	1980	1990	2000	2001	2001シェア(％)	1970/2001年平均増加率(％)
原油(1,000バレル／日)	44,910	59,674	60,236	67,234	66,747		1.3
天然ガス(10億m³)	1,040	1,519	2,068	2,494	2,555	100.0	2.9
内北米	652	624	612	721	737	28.8	0.4
欧州	116	249	237	304	306	12.0	3.2
旧ソ連	198	435	815	723	725	28.4	4.3
中東	20	44	100	213	234	9.2	8.3
アジア・オセアニア	17	74	149	273	286	11.2	9.5

出所：原油は Oil & Gas Journal, 各年末号。
　　　天然ガスは Natural Gas in the World, Cedigaz, 2000, 2002。
注：天然ガス生産量は商業化量（国内需要＋輸出）。

消費の7割を超える。しかし石油の場合は，世界の消費の6割弱を占めるOECD諸国の産油量は30％にも満たない。つまり，原油は国際的な貿易商品として確固とした存在であるのに対し，天然ガスの国際取引は石油ほどの普遍性を持っていない。

このような天然ガスにおける消費と生産の相似性，埋蔵量と生産の非相似性は，ガスが気体であるという特質からくるものに他ならない。

第1章で見たとおり，天然ガスは，石油に替わるエネルギー源として，さらに環境負荷が小さいなどの要因により，需要の伸びが著しい。ただし，もともとの利用は消費地の近くで生産される随伴ガスなどを有効利用しようとしたことが始まりである。とくに気体であることから輸送にはパイプラインなどの設備が必要で，パイプライン敷設コストを考えれば，生産地から近い地域を手始めとして利用が広がっていった。また天然ガス消費の増加には，まとまった地域におけるある程度の顧客の存在が不可欠であり，そのような意味からすれば，大口顧客＝電力や産業用が生産地の近くに存在することもまた，重要な要素となる。アメリカやヨーロッパの天然ガス生産は，ガス生産地から近い地域に潜在的需要が存在していたことで，比較的古くから発展したといって良い。

一方，消費地から遠い中東や東南アジアにおけるガス開発は，天然ガス液化技術やLNG輸送技術が確立され，商業化されるまで進展しなかった。天然ガスを液化して輸送しようとする試みは1940年代から実施されていたが，1958年に初めてLNG実験船が竣工し，1960年代におけるアルジェリア，リビアなどのLNG輸出プロジェクトの端緒を開いた。その後LNGプロジェクトが本格化するのは1970年代後半以降である。したがって，消費地から遠い天然ガス資源国，マレーシアやインドネシア，アブダビなどのガス生産も，LNGプロジェクトが開始され，いくつかのプラントが操業を開始した1980年代に入ってから急増を遂げた。しかしながら，LNG貿易はここ20年ほどで発展を見たばかりで，輸入は巨額な投資，長期間の取引を行うことが可能な国や企業に限られる。そのため，LNG生産国のガス生産に比べ，アメリカやヨーロッパ諸国など消費地が近く，ガス消費の歴史も古い国の生産が依然として大きい。

2．地域別生産動向

(1) 北米——最大の消費地

第2次世界大戦後の利用

　世界の中で，天然ガスの利用，生産で先駆的役割を担ってきた国は，石油と同様にアメリカである。原油の副産物として生産される随伴ガスは，もともと燃焼させなければ危険な生産物であり，米国で商業的利用が開始されたのは1824年と古い。ただし本格的な利用が開始されるのは，鉄製のパイプが初めて使用された1872年以降，さらには高圧パイプの敷設（インディアナ—シカゴ間120マイル）や大口径，長距離パイプラインの敷設技術の開発に伴って，第2次世界大戦後，一気にアメリカの天然ガス生産・消費は増加した。アメリカの天然ガス生産は1920年には1次エネルギー供給の4.2％，1945年には12.6％を占めるに過ぎなかった。他地域に比べ天然ガス利用は進んでいたが，しかし主要なエネルギー源という位置づけではなかった。だが，1955年には23.1％へとシェアを拡大し，1965年には熱量換算で原油を上回り，石油，石炭を上回る第1の

エネルギー供給源となっていた(日本エネルギー経済研究所[1967])。

一方,天然ガス生産は第3章で触れるとおり,ガス価格によって中長期的な影響を受け,規制や規制廃止による価格の変動,及び需給状況に基づく価格変動により,増加,減少,増加を繰り返している。1978年のガス政策法により,それまでの価格規制が段階的に廃止されてガス価格が上昇し,アメリカ内のガス開発・生産が促進された。しかしガス価格が上昇したことで,需要は減少し,それを反映して生産も減少した。さらに需要の減退は,1980年代後半の価格低迷へと繋がる。アメリカ国内の天然ガス生産は1980年代半ばに底を打った後,供給能力の拡張と価格下落,需要の回復に伴って再び1980年代末から増加している。1980年代末以降生産は増加傾向にあり,2001年は5,503億m^3で世界の天然ガス生産の21%を占めたが,1970年代初めのピーク生産水準には及ばない。

アメリカ,カナダの確認埋蔵量

このように,アメリカでは早くから天然ガス開発,利用が進んできた。しかし生産量を上回る新規発見がないため確認埋蔵量は減退傾向にあり,既に1960年代末にはアラスカを除く48州の天然ガス確認埋蔵量は減少を開始している。48州の天然ガス確認埋蔵量は1968年には294兆cf(立法フィート)だったが,1983年には200兆cfを割り込み,1989年には165兆cfへと減少した(Oil & Gas Journal)。

随伴ガス資源が多かったことで,テキサス州やルイジアナ州,ロッキー山脈西といった伝統的な産油州あるいは,メキシコ湾にガス資源の多くが賦存している。1973年のテキサス・メキシコ湾岸地域,メキシコ湾,ミッド・コンチネント地域3地域合計の天然ガス確認埋蔵量は48州の約86%を占めていたが,1986年には73%にまで縮小し,これら地域の油・ガス田の老朽化が天然ガス資源量にも明確に影響している(Arther Andersen[1991])。一方,カリフォルニア州沖合などで新規ガス開発が促進され,ロッキー山脈以西カリフォルニアにかけての天然ガス確認埋蔵量は,1973年の21兆cfから1989年には35兆cfへと増加し,48州の中のシェアも9.7%から21.9%へと拡大した(Arther Andersen

[1991]）。さらにアラスカやメキシコ湾などでガス資源が発見されたことで，1999年以降は再びガス確認埋蔵量も増加しているが，しかし長期的な凋落傾向を止めることはできない。国内生産は価格の影響により変化しているが，これとても長期的な減少は避けられないことは確実であり，国内ガス需要の増加に伴って，カナダなどからのパイプラインによるガス輸入の他に，LNGの輸入も増加しつつあるのがアメリカの現状である。

しかしながら，カナダでも天然ガス確認埋蔵量は減少しつつある。同国の同埋蔵量は1980年代半ばにピークの2兆m^3強に達したが，2000年末には1兆7,000億m^3にまで減少している。とくにこれまで生産の中心だったアルバータ州の埋蔵量減退が顕著である。ただし，輸出相手国であるアメリカの天然ガス需要の増加に伴い，生産量は増加している。今後は沖合を中心にガス開発を促進させる見込みだが，有望な資源が発見できなければ，天然ガス生産の減少も避けがたい。

(2) ヨーロッパ——北海ガス資源が主体
生産技術進歩と北海大陸棚条約批准

ヨーロッパの主要なガス生産国はイギリス，オランダ，ノルウェー，ドイツで，これら4カ国の天然ガス生産（商業化量）は2001年で2,542億m^3とヨーロッパ（中東欧を含む）のガス生産量3,057億m^3の83％，世界のガス生産の9.9％を占め，そのほとんどが北海における生産である。また4カ国の天然ガス確認埋蔵量も2001年末現在，ノルウェー3兆8,330億m^3，オランダ1兆6,160億m^3，イギリス1兆1,110億m^3，ドイツ2,540億m^3で，ヨーロッパ全体の87％を占める。

ヨーロッパ諸国でも第2次世界大戦後，天然ガスの利用が急増したが，本格的なガスの利用，開発・生産は1970年代以降からであった。それは，ヨーロッパのガス資源の多くが北海に存在するためで，沖合ガス開発技術の進歩と北海沿岸諸国による大陸棚条約批准（1964年）という2条件が整備される必要があった。

1959年にオランダ沖合で大ガス田，フローニンゲン・ガス田が発見されたことで，一気に北海における石油・ガス資源への期待は高まった。フローニンゲン・ガス田は1963年に生産を開始したが，ガス田発見当初600億 m^3 と発表された確認埋蔵量はその後の開発により徐々に上方修正され，1962年には1,500億 m^3 へ，1963年には1兆1,000億 m^3，1998年には2兆8,000億 m^3 へと拡大した。

フローニンゲン・ガス田の発見から5年を経た1964年に北海周辺国による大陸棚条約が批准され，以降，同地域における天然ガスの探鉱・開発が活発化した。大陸棚条約批准後，まずドイツ領北海で探鉱が開始され，他の国も次々にこれに続いた。イギリス領北海では1965年にウェスト・ソール・ガス田が発見され，1967年に操業を開始，1969年にはエコフィスク油田が発見されて石油開発も進展した。しかし，沖合油・ガス田開発技術は発展途上であり，開発・生産コストも高く，民間石油企業が本格的に北海の開発に着手するのは，第1次石油危機（1973年）前後から原油価格が高騰し，探鉱・開発技術も進歩を遂げた1970年代に入ってからとなる。

ノルウェーでの生産増加

ノルウェーはヨーロッパ最大のガス資源国で，域内へのガス輸出国でもある。1965年にノルウェー領北海で初めて鉱区利権が付与され，1969年にエコフィスク油田，1971年にフリッグ・ガス田，1974年には北海で最大級の油田であるスタットフィヨルド油田が発見されて開発・生産が進展した。ガス開発プロジェクトに関しては，まず，エコフィスク油田の随伴ガスの有効利用という観点からガス輸出が図られ，1977年にドイツのエムデンへのパイプラインが完成，さらにその半年後にはフリッグ・ガス田からスコットランドまでのパイプラインが操業を開始し，ベルギー向けパイプラインは1996年に完成した。

一方，スライプナー・ガス田，トロール・ガス田といった構造性ガス田もノルウェー領にあり，とくにトロール・ガス田の可採埋蔵量は1.3兆 m^3 と巨大である（Mabro [1999]）。このトロール・ガス田という大ガス田の発見がノルウェーのガス政策の大きな転換点となった。原油生産に伴って生産される随伴ガスや小規模ガス田のガス生産は変動が大きく不安定である。しかし，トロー

ル・ガス田の構造はフローニンゲン・ガス田のそれと酷似し，計画的に生産を変更あるいは維持できる構造だとされる。1997年におけるノルウェーの天然ガス生産の内，約半量はトロール・ガス田からの生産だが，エコフィスク油田他，油田からの随伴ガスも4分の1程度を占めていた。資源量としては豊富だが，生産量が不安定な随伴ガスや小規模ガス田のガス生産をトロール・ガス田からの生産によって調整することが可能になり，それまで開発が進まなかった油・ガス田のガス・プロジェクトの経済性が飛躍的に高まった（Mabro [1999]）。また，原油に比べ天然ガスの埋蔵量が大きいという点も，ノルウェー政府の資源政策を石油からガスにシフトさせる要因となった。ノルウェーの原油生産は21世紀初めにピークに達した後減少に転ずると予想されており，政府は天然ガス開発を徐々に進めることによって，産油量が減少した後も天然ガス輸出量を維持するガス政策をとっている。

(3) ロシア——伝統的ガス田の生産減
世界第1の埋蔵量と生産量

ロシアの天然ガス確認埋蔵量は1項で見たとおり48兆 m^3 で，世界最大規模を誇る。また天然ガス生産も6,000億 m^3 弱で世界の22％を占め（2001年），世界第1位である。しかも，ガス生産の内の約95％が構造性ガスの生産である。石油に関しては既に19世紀末に世界の産油量のほぼ半分を生産し，早期から開発が進められていた。また，いわゆる都市ガス生産も帝政ロシア時代の1819年から開始されていた。だが，ソビエト連邦が誕生してからはスターリンの石炭重視政策もあり，ガス開発は進展せず，ヨーロッパ諸国と同様，第2次世界大戦後に本格化した。

1946年にサラトフ―モスクワ間のガス・パイプライン敷設が決定して，本格的なガス産業発展の第一歩となった。1955年当時，ソビエト連邦の天然ガス生産は年間90億 m^3 弱で同国の1次エネルギー供給の2.4％程度を占めるに過ぎなかったが，その後はめざましい勢いで増加し，10年後の1965年の生産量は1,280億 m^3 と，1955年当時の約14倍を達成した（奥田英雄訳，R.イーベル

[1971]）。当初，天然ガスの主体は随伴ガスだったが，1960年代半ばから末にかけて西シベリアにおいてウレンゴイ，ヤンブルグといった超巨大ガス田が発見され，トルクメニスタンでもオレンブルグ・ガス田が，引き続いて1970年代にはヤマル半島で膨大なガス資源が発見された。

1960年代，1970年代は，ガスを利用するためのパイプライン網整備に重点が置かれ，パイプラインの総延長は1960年の2万1,000kmから1970年は6万7,500kmへ，1980年には9万4,700kmへと延び，旧ソ連が崩壊した1991年には14万8,600kmのパイプラインが完成していた（Mabro [1999]）。当初は国内消費を目的にガス開発が進められたが，米ソ冷戦構造の下で旧共産圏諸国へのエネルギー供給が計画され，1946年には少量ながらポーランドへの輸出が開始された。その後20年を経てコメコン諸国へのガス輸出を目的とするブラットストウォ（兄弟）パイプラインが完成し，チェコスロバキアへの輸出も増え，さらには1968年に初めて西側への輸出（オーストリアへの輸出）が実現する。1980年にはオレンブルク（ソユーズ）・パイプライン（総延長2,677km）が完成し，コメコン諸国へのガス輸出が本格化した。さらに1985年にはヤンブルグ・パイプラインの敷設についてソ連とコメコン諸国とが合意し，同パイプラインが1988年に完成して，ソ連のガス輸出はまた一段の増加を遂げた。ハード・カレンシーを獲得する必要性もあり，ソ連は積極的に西側諸国への輸出拡大を推進し，1970年代には西ドイツ（1973年），フィンランド，イタリア（各1974年），フランス（1976年）と，次々と西ヨーロッパ諸国との長期ガス販売契約が締結され，ガス輸出・生産も確実に増加した。

既存ガス田の生産

ロシアのガス産業は，政府が大株主となっているガスプロムが独占的な活動を行っている。同社はロシアのガス・パイプライン事業を独占しているが，上流部門活動もほぼ独占状態にあり，ガス生産量は1999年でロシアの国内総生産量5,900億 m^3 の内5,551億 m^3，93％を占める。ガスプロムの生産拠点は西シベリアとヨーロッパ・ロシアのオレンブルグ・ガス田といった既存のガス生産地帯で，中でも西シベリア地域でのガス生産はガスプロムの生産の92％に達する

(IEA [2002b])。

ロシアのガス生産量は旧ソ連の崩壊と経済危機により，1991年の6,430億 m^3 をピークにして減少した。その後は1997年の5,710億 m^3 を底として増加に転じているものの，老朽化したガス田の生産は既に減少を開始している。とくに1960年代に発見された西シベリアの大ガス田の生産量落ち込みは顕著で，同地帯の3大ガス田，メドベジェ，ヤンブルグ，ウレンゴイの3ガス田の生産も減少を開始した。こうしたガス田はガスプロムが操業しており，同社の生産減退は他の独立系ガス生産者より大きい。生産減退にもかかわらずガスプロムの輸出契約は増加している上，今後は国内需要の増加も予想され，生産減退を補うための新規開発が急務となっている。

第3節　天然ガスの新規開発動向

1．注目される新規ガス開発地域

(1)　ロシア

ロシアの天然ガス埋蔵量は豊富だが，未開発資源の多くは，深い地層か市場から遠い寒冷地に存在し，開発条件が厳しい。新規開発地域の中で現在開発が進行中の地域，プロジェクトとしては，西シベリアの既存ガス田に隣接するザパリャルノエ・ガス田やサハリン・プロジェクトなどがあり，計画立案段階のプロジェクトとしてヤマル半島のガス田開発プロジェクト，東シベリアのイルクーツク・ガス田やコビクタ・ガス田プロジェクトなどがある。

ザパリャルノエ・ガス田

ザパリャルノエ・ガス田は西シベリアのウレンゴイ，ヤンブルグ・ガス田に隣接しており，2001年9月から生産を開始した。2002年の生産量は350億 m^3 で，生産コストは既存の巨大ガス田と同水準であるとされる（本村 [2003]）。他の新規ガス田開発地域は開発コストが高いため，当面はこのザパリャルノ

エ・ガス田の生産は既存ガス田の生産減退を補うものとして期待されている。

サハリン

サハリンの油・ガス開発は，エクソン・モービルがリーダーとなっているサハリンⅠプロジェクト，シェルがリーダーとなっているサハリンⅡプロジェクトなど，合計6プロジェクトがあり，サハリン全体の天然ガス確認／推定埋蔵量は計1兆m^3程度とされる。サハリンⅠ，Ⅱプロジェクト共に1990年代に探鉱が開始され，サハリンⅡプロジェクトは1999年から夏季限定ではあるが原油生産・輸出を開始した。しかし天然ガスの販路が確定しなかったことで，ガスの本格的開発は遅れていた。ようやく，2003年に入ってからサハリンⅡと日本企業との間で計230万t/yのLNG取引が合意されたことで，同プロジェクトが動き出すことになった。サハリンⅡは2007年からLNG輸出を開始する計画で，サハリン島南部のプリゴロドノエに能力960万t/y（約130億m^3/y）のLNG液化プラントを建設する。

ヤマル半島

埋蔵量が5兆m^3とされるボワネンコフ（Bovanenkov）ガス田やサラサベイ（Kharasavey）ガス田など超巨大ガス田が存在する。両ガス田共に1970年代初めに発見され，開発計画も1990年代から立案されているが，未だに開発計画は着手されていない。永久凍土という悪環境のために，ガス田開発，パイプライン敷設・操業には技術的な困難が伴う上，膨大な投資が必要で，政府は外資の参入などに期待している。既に欧州の輸出相手先とヤマル・パイプライン敷設で合意し，ドイツ，ポーランド，ベラルーシ領内部分，さらにこうした国からモスクワ北西220kmに位置するトルジョク・ターミナルまでの幹線パイプラインは完成しているが，肝心のヤマル半島からトルジョク・ターミナルに至る主要部分の工事は開始される兆しもない。それどころか，ガスプロムは2002年7月に，一部完成しているヤマル・パイプラインをベラルーシ国境近くで他地域からのパイプラインと接続させ，ベラルーシへのガス供給を開始している。ヤマル半島からのガス供給計画はますます遠のいているかの観がある（本村[2003]）。

ただし，ガスプロムは強気の姿勢を崩しておらず，同社の会長は2002年4月に，まもなくガス田開発を開始し，2010年までに1,000億 m^3/y 程度のガス生産を行うと発表した。だが，同年7月にはこの計画を変更し，パイプラインではなく，LNG プラントを建設して，ヨーロッパだけではなく，アメリカ，日本へも販路を広げると発表している。パイプライン建設に比べ LNG プロジェクトの方がコストが低いことが理由だが，いずれにせよ外国企業の参入がプロジェクト実現のためには不可欠で，外国企業の動向が注目される。

東シベリア／極東

東シベリアも油・ガス資源は豊富で，ロシア政府によれば1999年初現在の同地域における原油可採埋蔵量（確認＋推定埋蔵量）は約72億バレル，天然ガス可採埋蔵量は2兆4,000億 m^3 に達する（多田［2001］）。しかし寒冷地であるという気候条件，市場から遠いという地理的条件などにより，同地域における資源開発はほとんど実施されてこなかった。しかし中国が今後大きなエネルギー輸入国となること，韓国や日本などがエネルギー・ソースの多角化を推進しているといった中で，東シベリア／極東の資源に対する注目が集まっている。

ガスプロムは政府の要請を受けて，2003年3月，今後17年間，2020年までの東シベリア／極東地域における開発計画を策定した。計画は4段階に分けて実施され，2007年までの第1フェーズでコビクタ・ガス田の開発を実施，その後第2フェーズ（2009年まで）でサハ共和国のチャヤディンスコエ・ガス田の開発とガス・パイプライン網の拡張を実施，第3フェーズ（2012年まで）でクラスノヤルスクの開発を行う。第4フェーズ（2020年まで）ではガス・パイプライン網の開発と中国，韓国，日本，米国向けの輸出を増加させる（ダイヤモンド・ガス・レポート［2003］）。

第1フェーズでの開発が計画されているコビクタ・ガス田の埋蔵量（予想）は1兆4,000億 m^3 とされ，BP が主導するルシア・ペトロリアムが開発権益を所有している。BP はコビクタ・ガス田開発にあたっては輸出を先行したいと考えているのに対し，ガスプロムはイルクーツク地域への供給と西方へと向かう国内パイプライン・システムへの接続を望んでいるとされ，輸出にはサハ共

和国のガス資源を充てるべきだとしている。ロシア政府の政策やガスプロムの思惑などもからみ，プロジェクト開始にはまだ時間を要する模様だ。

(2) カスピ海沿岸諸国

旧ソ連時代からカスピ海沿岸諸国（アゼルバイジャン，カザフスタン，トルクメニスタン）やウズベキスタンでは天然ガスが生産され，ソ連のパイプライン網と接続されてソ連国内需要に充当されてきた。ロシアには及ばないが，トルクメニスタンの天然ガス確認埋蔵量はマレーシアの2兆3,900億m^3を上回る2兆9,000億m^3，カザフスタンは1兆9,000億m^3，ウズベキスタン1兆8,500億m^3となっている。また2001年の天然ガス生産量はこれら4カ国合計で1,255億m^3であり，イギリスの生産量1,083億m^3を上回る（イギリスの確認埋蔵量は1兆1,110億m^3）。

こうした独立国家共同体諸国のガス開発の障害となっているのは，輸送ルートの確保である。旧ソ連時代に南北のパイプラインが敷設され，中央アジア諸国で生産されたガスは主にロシアの消費に充てられ，代わってロシアからヨーロッパに天然ガスが輸出されてきた。したがって，これら諸国から直接，ヨーロッパ諸国に輸出する手段はなく，現時点ではロシアのパイプラインを経由する必要がある。またガス田と国内消費地が離れているため，国内需要向けにはロシアからガスが供給されてきたという経緯もあり，国内のガス・パイプライン網も発達していない。国内あるいは海外向け供給を増やすとしても，現在のところは生産された天然ガスのほとんどをこれまで同様，ロシアに輸出するという選択肢しかない。したがって，これら諸国におけるガス田開発は資源量に比べて進展していない。独立当初は各国ともに独自の輸出ルート開拓を模索していたが，その後はロシアとの協力関係を再構築し，当面はロシア向けの輸出を強化する方針であるようだ。

もちろんアゼルバイジャン，カザフスタン，トルクメニスタン，ウズベキスタンなどは，隣接するトルコ，中国，イランあるいはインドなどと天然ガス輸出についての交渉を行っている。イランは中央アジア諸国のエネルギー・ハブ

となることを図り，スワップ取引も含めて積極的に中央アジア諸国の天然ガスを受け入れたいと考えているが，問題は輸送手段と政治問題である。トルクメニスタンやアゼルバイジャンとの間には既設のパイプラインがあるものの，能力が小さいため取引を拡大するためにはパイプラインの拡張・新設が必要である。しかし，イランに対して経済制裁を科しているアメリカは，イランが中央アジア諸国の資源に対する影響力を強めることを嫌っており，原油などについても悉くイラン経由輸出案をつぶしてきた。

唯一計画が進展しているプロジェクトに，アゼルバイジャンからトルコに向けたガス輸出計画がある。両国はアゼルバイジャン・ガスの輸出について合意し，パイプライン建設が計画されており，こうしたパイプラインが稼働を開始すれば，新たな市場へのガス輸出が可能となる。ただし，トルコは2000年，2001年の経済危機後，エネルギー需要が低迷しており，契約数量のガスを引き取ることができない状況にある。今後の需要予測も下方修正されており，当初2006年から引き取る予定だったアゼルバイジャンの天然ガスも，計画の遅れを余儀なくされる見込みで，トルコはギリシャなどへの輸出仲介を図っている。

(3) アフリカ

アフリカ，とくに北アフリカは早くからヨーロッパへの天然ガス供給源として注目され，アルジェリアは1964年，リビアは1970年からLNG輸出を開始した。しかし，その後両国のLNG輸出は増加しておらず，むしろ現在ではパイプラインによるガス輸出計画が主流となりつつある。アルジェリアに関しては，既に1983年からイタリア向けにパイプラインによってガス輸出を行い，1996年にはスペイン向けガス・パイプラインも操業を開始した。現在は輸出能力拡張を図って，やはりスペイン向けパイプラインとイタリア向けパイプラインをそれぞれ敷設中，計画中である。またリビアも現状ではLNG輸出を増強するのではなく，イタリア向けにパイプラインを敷設してガスを輸出することを計画，既にイタリアのサイペム社が工事を開始し，2005年に完成が予定されている。

アルジェリアとリビアの天然ガスは構造性ガスが多く，それが世界に先駆けてLNG輸出プロジェクトを実現させた要因でもあった。アルジェリア最大のガス田ハッシ・ル・メル・ガス田は植民地時代の1958年から本格的な生産を行い，エクソンを中心にしてLNG輸出計画も始動した。同ガス田から生産されるガスを液化するためのプラントが地中海沿岸のアルズーに建設され，1964年には稼働を開始してアルジェリアは世界初のLNG輸出国となった。ただし，アルジェリアの2001年の天然ガス輸出（契約ベース）約580億 m^3 の内，約60％の324億 m^3 がパイプラインによる輸出であった。

さらに最近ではナイジェリアも1999年にLNG輸出を開始している。ナイジェリアの天然ガス確認埋蔵量は4兆5,000億 m^3（2002年初），2001年の天然ガス生産量は157億 m^3 であった。アルジェリアやリビアと異なり，ナイジェリアのガス資源のほとんどは原油生産に伴って生産される随伴ガスである。しかしガスの回収設備等が整備されてこなかったために，生産されるガスの多くは焼却されてきた。例えば1998年の天然ガス総生産量は317億 m^3 だったが，そのうち約3分の2の209億 m^3 が焼却されている。2001年は既にLNGプロジェクトが開始され，ある程度の有効利用が進んでいるが，それでも総生産量382億 m^3 の内，焼却量は168億 m^3 であった。ナイジェリアで石油開発にあたっているメジャー企業を中心に随伴ガスの有効利用が検討され，1990年代に入りロイヤル・ダッチ・シェル，トタール，アジップの3社が資本参加してLNG計画が始動した。2001年の輸出量（契約ベース）は78.3億 m^3 で，内67.5億 m^3 がヨーロッパ向け（トルコを含む），約10億 m^3 が米国に輸出された。この随伴ガスを利用したLNGプロジェクト（NLNG）は，既に900万 t/y の能力を持ち，これに加えてさらに2件のLNGプロジェクトがナイジェリアで計画されている。

また近年，アフリカの産ガス国で注目されているのはエジプトである。エジプトでは地中海沖合でガス田が発見され，1990年代から天然ガス輸出が検討された。当初はトルコ向け輸出計画が先行していたが，トルコ市場の競争が激しくなかなか参入できないこと，トルコのガス需要も当初見通しに比べ少ないことなどから，むしろヨーロッパ市場を想定したプロジェクトが進んでいる。ス

ペインの電力会社ユニオン・フェノサやBGが主導するLNGプロジェクト2件が先行しており，いずれのプロジェクトも販売先が確定し，2005～2006年ころにはLNG輸出が開始される予定となっている。また近隣諸国への輸出も実施段階にあり，2003年6月には，ヨルダン向けにパイプラインでの輸出が開始され，さらに2005年にヨルダン，シリアを経由してレバノンへの輸出も行われる予定である。同国のガス埋蔵量もこうしたプロジェクトの実現性が高まると共に増加し，1990年代半ばの5,000億m^{3}前後から2002年初には1兆5,570億m^{3}へと3倍以上の増加を示している。

(4) アジア・オセアニア

アジア，太平洋諸国の中で天然ガス輸出実績がある産ガス国は，インドネシア，マレーシア，ブルネイ，オーストラリアである。いずれの国においても，LNGプロジェクトが開始されてガス輸出が可能となり，天然ガス生産は増加した。ブルネイは1969年，インドネシア1977年，マレーシア1983年，オーストラリアは1989年から，それぞれ日本向け輸出を突破口としてLNG輸出を開始した。1項で見たように，アジア諸国の天然ガス確認埋蔵量は，世界の8.6％，生産は11.2％を占めるに過ぎない。この中で最大のガス資源国はインドネシアで確認埋蔵量は3兆8,000億m^3，次いでオーストラリア3兆5,500億m^3，マレーシア2兆3,900億m^{3}となっている。

資源量ではロシアや中東諸国には及ばないものの，2001年のアジア・オセアニア諸国のガス輸出（契約ベース）は1,098億m^{3}と世界の総ガス輸出量5,831億m^{3}の約4分の1を占め，さらに特筆すべきは，世界の総LNG貿易量1,431億m^{3}の約2分の1が同地域からのLNG輸出であるという点である。2001年の同地域のLNG輸出は723億m^{3}に達しており，アジア・オセアニア地域の天然ガス輸出の約4分の3がLNGでもあった。アジア・オセアニア諸国の天然ガス生産は，日本や韓国などへの輸出によって促進され，今後も中国を含めたアジアの大市場のガス需要増加によって，生産拡大が見込まれる。

上記ガス輸出国以外にもパプア・ニューギニアなどがLNGプロジェクトを

第2章　世界の天然ガス供給動向　71

計画している他，既輸出国も既存プロジェクト拡張や新規開発を計画している。インドネシアでは現在ナツナ，タングー（イリアンジャヤ），スラウェシ（トンギ），ボンタンで新規LNGプロジェクトが計画されている。この中で，タングーLNGプロジェクト（BPが主導）は中国とガス販売で合意し，フィリピンとの販売交渉も進んで具体化へ動き出している。またオーストラリアでも，ノース・ウェスト・シェルフLNGプロジェクトの第4，第5トレイン拡張計画他，ダーウィンLNG（バユ・ウンダン）プロジェクトやゴーゴン・プロジェクト，グレーター・サンライズ・プロジェクトなど，沖合ガス田で新規LNGプロジェクトが計画されている。オーストラリアのLNG輸出は先述したように，ノース・ウェスト・シェルフLNGが1989年に輸出を開始し，その歴史は浅いが，ガス確認埋蔵量は3兆5,500億m^{3}でインドネシアに匹敵する資源を有している。顧客の確保次第でプロジェクトの実現可能性は大きく，アメリカ企業もLNG輸入に関心を示している。

　また，ミャンマーなどでも天然ガスが発見されており，域内のパイプライン網拡充計画も含め，開発計画が進められている。第6章で述べるように，既にマレーシアからシンガポール，ミャンマーからタイ，インドネシアからシンガポール・マレーシアへのパイプラインによるガス輸出が開始され，広域アセアン・ガス・パイプライン構想が具体化しつつある。

(5)　**中東**

　中東は石油資源だけでなく，ガス資源も多く賦存する。中東諸国の天然ガス確認埋蔵量は第1項で見たとおり，70兆m^{3}で，世界の埋蔵量の約4割と大きい。とくに埋蔵量が大きいのはイラン，サウジアラビア，アラブ首長国連邦のアブダビ，カタルなどだが，構造性のガス田を有するのはイランとカタル，あるいはオマーン程度で，ほとんどの国のガス資源の多くは随伴ガスである。いずれの国も大消費地から遠隔地にあるため，天然ガス輸出はLNGの形での輸出とならざるを得ない。湾岸諸国で初めてガス輸出計画に取り組んだのはUAEのアブダビで，1977年から日本向けにLNG輸出を開始，さらにカタルが1997

年，オマーンが2000年にLNG輸出を開始した。アブダビ，カタル，オマーン3カ国共にLNGの主要市場は日本で，他に韓国，台湾，スペインなどが主要なターム契約先である。

イランは世界で第2位，261兆m^3の天然ガス埋蔵量がありながら，生産量は615億m^3（2001年）と世界全体の2.4%を占めるに過ぎない。生産されたガスのほとんどは内需用で，2001年からトルコ向けに輸出を開始したものの，大きな輸出実績はない。イラン革命（1979年）以前には旧ソ連への輸出を計画し，1970年に輸出用パイプライン（Iranian Gas Trunkline；IGAT）が完成して，同年からガス輸出を開始した。しかし1975年にピークの96億m^3を輸出した後はイラン革命によって中断し，革命後はごくたまに若干量の輸出を行ったりもしていたが，ほとんど輸出実績がないまま現在に至っている。

しかし現在では，油田が老朽化して石油輸出拡大があまり期待できないことから，政府としても天然ガスを将来の外貨獲得源と位置づけ，積極的な天然ガス開発プロジェクトを計画している。ペルシャ湾沖合サウス・パース・ガス田プロジェクトは現在第1フェーズから第16フェーズまでの計画があり，その内のいくつかは輸出を想定し，LNG輸出も視野にいれた開発計画が策定されている。エネルギー需要が急増しているインドなどと1990年代からパイプライン，LNG両面での輸出交渉が進められているが，未だに最終合意には至っていない。またトルコ経由でヨーロッパに輸出する計画や海底パイプラインによりクウェートに輸出する計画なども検討されている。

イランのガス輸出計画の阻害要因となっているのは，パイプラインで輸出する場合は紛争地域を経由しなければならないという点や市場から遠いことでプロジェクト・コストが高くなるという点などである。またパイプラインによる輸出，LNG輸出共に顧客の確保が不可欠であり，遅れてガス輸出計画に取り組み始めたイランにとっては，競争の激しい市場で，販売先を見つけることが難しい。

(6) 中南米

　中南米諸国の天然ガス確認埋蔵量は2002年初現在で8兆330億 m^3，北米並びに欧州を若干上回り，世界の埋蔵量に占めるシェアは4.5%である。中南米諸国の中でガス埋蔵量が多いのは圧倒的にベネズエラで4兆1,630億 m^3，次いでメキシコ7,970億 m^3，ボリビア7,900億 m^3，アルゼンチン7,640億 m^3，トリニダード・トバゴ5,580億 m^3と続く。中南米合計のガス生産量は1,374億 m^3で世界のシェアは5.3%，同地域で最大の産ガス国はアルゼンチンの371.5億 m^3，順にメキシコ353億 m^3，ベネズエラ317億 m^3で，その他の国の生産は，1999年にLNG輸出国となったトリニダード・トバゴでも152億 m^3に過ぎない。

　もちろんトリニダード・トバゴ以外のガス資源国でも，ガス輸出計画が立案されている。LNGプロジェクトとしては，ベネズエラのノース・パリアLNGプロジェクト，ペルーのカミセアLNGプロジェクト，ボリビアのパシフィックLNGプロジェクト，ブラジルのグリーンLNGプロジェクトなどがあり，いずれも2007年ころの生産開始を目指していたが，具体化はしていない。

　また，域内における国際ガス取引も開始されつつあり，2002年11月にはアルゼンチンからウルグアイへガスを輸出するためのサウザーン・クロス・パイプライン（能力20億 m^3/y，BGグループが操業）が完成し，ウルグアイへ向けてガス輸出が開始された。

2．具体化プロジェクト概要

　第1章で見たとおり，天然ガスはエネルギー多様化の観点から1970年代後半以降注目を集め，さらに環境問題もあって，今後さらに需要の伸びが期待されている。こうした背景から1980年代以降，様々なガス資源国で輸出プロジェクトが計画されてきた。例えば中東ではカタル，オマーン，イラン，イエメンなどがLNGプロジェクトを計画したが，実際にプロジェクトが実行され，輸出が開始されているのは，2003年初現在ではカタルとオマーンのみで，イラン，イエメンのLNGプロジェクトは未だ具体化されていない。

カタルは，世界最大の構造性ガス田ノース・フィールド・ガス田を擁し，1980年代半ばからLNG輸出プロジェクトを本格化させ，1997年に輸出を開始した。LNGプロジェクトは大きく分けてカタルガスとラスガスの2プロジェクトがある。先に開始されたカタルガスの開発主体はカタル国営石油会社（QP）とエクソン・モービル，トタル・フィナ・エルフだが，日本の商社（三井物産，丸紅）も資本参加している。カタルガスのLNG生産能力は2002年末現在で770万t/yだが，第5，第6トレイン拡張プロジェクト（各700万t/y）を分離独立してカタルガス-2とし，これには外資系企業としてエクソン・モービルのみが参加している。エクソン・モービルとカタルは2002年6月にカタルガス-2から生産されるLNGについて，イギリスへの25年間の販売で基本合意している。

ラスガス（QP，エクソン・モービル，韓国Kogas，伊藤忠，日商岩井が資本参加）は1999年に生産を開始し，2002年末現在の生産能力は640万t/yだが，カタルガス同様，第3，第4トレイン増設プロジェクトをラスガス-2として独立させる方針で，やはり外資系企業としてはエクソン・モービルのみが参加する予定となっている。台湾やインドなどアジア諸国の他，イタリアやスペインなどヨーロッパ諸国への輸出でも合意に達し，ほぼ能力の全量の販売先が決定している。これらの能力拡張計画などが全て実現すれば，カタルのLNG生産能力は2010年までに4,500万t/yに増強される。

またオマーンのOLNGは，同国で石油開発・生産を行ってきたロイヤル・ダッチ・シェルが主体となって実施し2000年に輸出を開始，2002年末の生産能力は660万t/yで，LNG長期契約に基づいて，韓国のKogasや大阪ガスにガスを販売している。さらに第3トレイン（330万t/y）の増設も計画され，既にスペインの電力会社ユニオン・フェノサと長期契約で合意（165万t/y），アジアや欧州企業を中心に短期・中期の販売契約も結んでいる。

さらに南米諸国でも天然ガス開発・輸出プロジェクトは数多く立案されているが，実現しているのはトリニダード・トバゴのLNGプロジェクトに限られる。トリニダード・トバゴのアトランティックLNGプロジェクトはBP，BG

が主体となり(各権益比率は34%, 26%), 1990年代に主にアメリカ市場を想定して計画された。第2トレインの操業が2002年央に開始されて生産能力は660万 t/y となったが, 第3トレインも2003年中に操業開始の見込みである。LNG販売先の9割弱はアメリカだが, 残りをスペイン, プエルトリコなどに販売している。第2・第3トレイン・プロジェクトは第1トレインとは分離され, 旧アモコ(現テキサコ・シェブロン)が42.5%, さらに BG が32.5%, レプソルが25%の割合で資本参加している。BP や BG は第4トレインまでの拡張を計画して政府と交渉中で, これが実現すれば同国の LNG 生産応力は1,400万 t/y となる。

ベネズエラでは1980年代から, LNG プロジェクトが立案され, 現在計画中のノース・パリア LNG プロジェクトは2000年に入ってから, 再度, 復活したものである。しかし, 内政が不安定なこと, 外資法や税制が度々変更されることなどから, 外国企業としても大きなポテンシャルには興味を示しながらも, 事態の推移を見守っているという現状にある。

一方ヨーロッパ向けには, ロシアでも1990年代にヤマル半島からパイプラインでヨーロッパまで輸出するプロジェクトが計画されているが, これに関しても実現の目途は立っていない。アジア・オセアニア諸国ではオーストラリア, マレーシア, パプア・ニューギニア, ミャンマーなどで新規輸出プロジェクトが計画されたが, 実現しそうなプロジェクトは, 既存プロジェクトの拡張計画が多い。新規プロジェクトで実現可能性が高いのは販路が確定しているオーストラリアのダーウィン(バユウンダン)LNG プロジェクト(東京電力と東京ガスがガス田権益取得)やインドネシアのタングー LNG プロジェクト, サハリンⅡ LNG プロジェクト(ロイヤル・ダッチ・シェル, 三菱商事等が参加)程度で, 2002年末現在, 他の新規プロジェクト実現の目途は立っていない。

3. プロジェクト具体化の条件

以上見たように, ガス資源国では1980年代から90年代にかけて多くのガス輸

出プロジェクトが立案された。それまでは，市場に近い天然ガス資源が開発され，国際取引でも比較的短距離のパイプラインによる輸出が主流だったが，各国の天然ガス需要が増加するに従い，遠隔地ガスへの需要が増加した。このため，ガス・プロジェクトの実現のためには，遠隔地から輸送するための，様々な課題を解決しなければならなくなっている。

　これまで見てきたガス輸出計画を整理すれば，大規模ガス・プロジェクト実現のための条件として以下のような点を指摘できるだろう。①当該国の政治的な安定性，②技術力，資本力を有する企業の参加，③販売先の確保。

　中東のプロジェクトを例にあげるならば，カタルとオマーンは首長制国家であり，内政も安定的である上，外国資本導入政策など，経済政策が度々変更されるといったことも少ない。これに対して，イエメンでは外国人が誘拐されるあるいは襲撃されるといった事件が散見される他，イランでは国内の政治的対立により，外国資本の参入条件もしばしば改定される。もちろん，アメリカ政府がイランに対して経済制裁を科しているといった政治情勢も，プロジェクトのリスクを高めている。

　さらに，計画が実現した天然ガス・プロジェクトのほとんどには，いわゆるメジャー企業が資本参加している。LNG プロジェクトはコストも膨大である上，天然ガス液化等，高度な技術を要するため，資本力，技術力を併せ持った企業の参加が不可欠である。また，投資規模が大きいことから，ある程度の販売先を確保しなければ計画を立ち上げることはできない。その意味で，販売力を有する企業の参入もまた，プロジェクト実現の重要なポイントとなる。カタルの LNG プロジェクトには欧米系メジャーの他に，日本企業や韓国企業が資本参加しており，こうした消費国企業の参入によって販路が確保され，プロジェクトの実現性が高まった。またオマーン LNG プロジェクトもオマーン政府の権益分51％以外の権益について，ロイヤル・ダッチ・シェルが30％，残り19％をトタル・フィナ・エルフ，韓国 Korea LNG，三菱商事，三井物産，伊藤忠商事，ポルトガル企業が若干ずつを保有している。

　今後のガス輸出プロジェクトの追い風となるのは，世界各国で電力・ガス市

場が自由化され，天然ガスの開発・生産から電力までを含めた上下一貫統合型の経営戦略をとっているエネルギー企業が多くなっているという点である。世界各地でこうした事業を行っている企業がガス資源国のガス開発プロジェクトに参加すれば，ある程度の供給先を確保できる可能性も広がる。例えばエジプトでは3件のLNGプロジェクトが計画されているが，その中で最も順調に進展しているのはBGが主導するLNGプロジェクトである。同プロジェクトにはフランス国営ガス公社（GdF）が参加するとともに，第1トレインのLNG全量を引き取ることが決定されており，消費国企業の参加により，プロジェクトの実現性は高まったといえよう。

第4節　世界の天然ガス供給の展望

　天然ガス開発は石油より遅れ，1970～80年代にようやく活発化した。したがって，未発見資源も多く，需要の増大と共に探鉱・開発が促進されれば，今後さらに埋蔵量が増える可能性は大きく，資源面で供給を制約する要因は現在のところ少ない。むしろ，今後問題となり得るのは，開発投資のサイクルと需要を満たすための供給＝生産が合致しない事態が発生することによる供給不足という問題である。

　電力販売やガス販売が自由化された市場では，個別の会社が長期供給計画を作成し，その計画に基づいて長期投資を実施することが困難であり，勢いリスクの高い投資を敬遠しがちである。ヨーロッパでもガス市場自由化が進められており，EUは長期契約や仕向地条項，テイク・オア・ペイ条項の撤廃を産ガス国に求めている。これに対して，ロシア，ナイジェリアは2002年から2003年にかけて，仕向地条項の廃止受け入れへと方針を変化させた。ただし，長期契約については，大規模投資が不可能になるとしてEU側も譲歩の姿勢を見せている。また，ヨーロッパへの他のガス供給源であるアルジェリアも2003年秋現在，パイプラインによる新規ガス輸出契約に関しては，仕向地条項廃止に同意

した模様だ。

　一方,ヨーロッパに先駆けて電力・ガス市場の自由化が進んでいるアメリカでは2000年に天然ガス価格が高騰し,カリフォルニア州では電力会社の倒産や電力供給中断という危機を招いた。カリフォルニアの電力危機については,電力卸売り価格が完全自由化された一方で,小売り価格が自由化されていなかったため,燃料価格の高騰を小売り価格に転嫁できず,電力会社の経営が破綻に瀕したという問題はあった。しかしいずれにせよ,ガス価格の高騰が電力危機の大きな要因であったことは間違いない。そして2000年の天然ガス価格上昇の要因として無視できないのは,1990年代前半のガス供給過剰とガス価格下落が,その後の上流部門投資意欲を減退させて生産能力の拡張を阻み,需要が増加しても供給が対応できなかったという,投資サイクルと需給のアンバランスという問題を生じさせていたことである。また,パイプラインやLNG受け入れ基地の能力等,インフラ設備一般への投資不足も同様な要因で,しかも同時に問題が発生して危機を増幅させた。

　アメリカの天然ガス需要も増加しており,今後は同国のLNG輸入も増加する見込みである。しかし,これまでアメリカのLNG輸入のほとんどは調達コストの高いスポット物の輸入で,長期契約に基づく輸入は一部を除き,あまりなかったと言って良い。アメリカでは2000年の天然ガス価格高騰と今後のガス需要増加に対応するため,LNG受け入れ基地の新設・拡張計画が相次いでいる。一方輸出国サイドでは,ある程度の長期契約が保障されれば,設備能力分の販売先は確保できなくても,スポット販売を前提にしてLNGプロジェクトを立ち上げる事例も増え,現在のところLNGのスポット取引は増加する傾向にある。

　世界的に天然ガス需要が増加しているとはいえ,地域的にはともかく,当面のガス供給,とくにLNG供給に大きな問題はない。ただし,マクロ・レベルでの供給不足は想定しづらいものの,自由化された市場においては,価格のみならず供給を計画的にコントロールすることは不可能であり,結果,天然ガス価格が急騰あるいは急落するというリスクがあることも,避けられない問題で

あろう。

[参考文献]

Cedigaz [2000] Natural Gas in the World, 2000 Survey.
Cedigaz [2001] Natural Gas in the World, 2001 Survey.
Oil & Gas Journal，各年年末号，PennWell Corporation．
IEA [2001] World Energy Outlook, 2001.
IEA [2002a] World Energy Outlook, 2002.
IEA [2002b] Russia Energy Survey.
DOE/EIA [2001] U. S. Natural Gas Markets : Recent Trends and Prospects for the Future.
日本エネルギー経済研究所［1967］『アメリカにおける天然ガス市場の発展過程』．
Arther Andersen Consulting [1991] Natural Gas Trends.
Mabro, Robert ed. [1999] Gas to Europe, Oxford, Oxford University Press.
奥田英雄訳，R. イーベル［1971］『ソビエト圏の石油と天然ガス』石油評論社．
本村真澄［2003］「ロシアからの新しい石油・天然ガスフローを展望する（その1，その2）」，『石油・天然ガスレビュー』vol.36，No.2，No.3，石油公団．
『ダイヤモンド・ガスレポート』2003.4.9，ダイヤモンド・ガス・オペレーション．
多田裕一，平田一成［2001］「胎動するロシア連邦東シベリア地域の石油・ガス田開発」，『石油・天然ガスレビュー』vol.34，No.2，石油公団．

第3章

アメリカの天然ガス産業

西村伸吾

第1節 アメリカ天然ガス事情

1．需要の動向

(1) 全般的動向

アメリカの天然ガス消費量は，1970年代初めの高レベルから徐々に減少し，1986年には16.2兆 cf（立方フィート，4,580億 m³）まで下落した。その後年率2.6％のペースで増加に転じ，2000年の消費量は23.3兆 cf（6,590億 m³）と過去最高値に達した。しかし，2001年は高価格による需要減退から，22.2兆 cf（6,280億 m³）に留まった（図3－1参照）。

ガス消費の用途分類別では，産業用が36％と最も高く，以下発電用26％，家庭用23％，業務用15％と続いた。家庭用と業務用需要は天候・気温に最も影響を受けるため，暖房シーズンの冬期に需要のピークを迎える。一方，発電用は空調用冷房需要が増加する夏期にピークを迎える。

天然ガス需要は，冬にピーク，夏にやや小さいピークといった非常に周期的な需要サイクルを持っているが，これに加えて短期的な天然ガス需要に影響を与える3つの要因がある。

　a．天候——暖冬／厳冬，猛暑／冷夏など平年と異なる天候は，著しく需

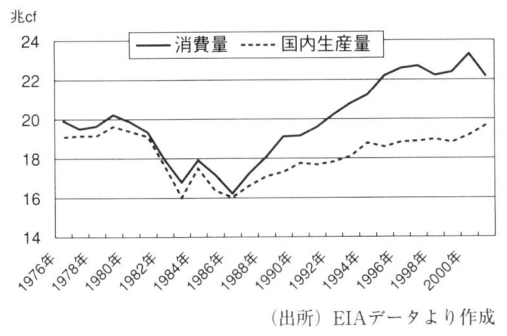

（出所）EIAデータより作成

図3－1　天然ガス消費量と国内生産量推移

要増減に影響する。
　b．燃料スイッチング——産業用・発電用需要家の多くは，他燃料にスイッチできる設備能力を有している。例えば，天然ガス価格が高い場合は，発電用需要家はより安い石炭に燃料シフトするため，天然ガス需要に下方圧力をかけることになる。
　c．アメリカ経済——特に産業用需要家において，アメリカ経済の情勢は短期的な需要に影響を与える。

(2) 用途分類別動向

家庭用需要

　1986年から2000年まで家庭用需要は年率1.0%で増加したが，2001年は平年より気候が穏やかであったことから前年比4.4%の減少となった。1年間における家庭用需要の約70%が冬期（12月〜3月）に生じる。今後の家庭用需要を左右する最も重要な要因は暖房機器動向であり，2001年の新築住居の約70%が天然ガス暖房を採用している。また，家庭用需要は，短期的には価格に対して非弾力的である。

業務用需要

　1986年から2000年まで業務用需要は家庭用需要を上回る年率2.3%で増加したが，2001年は景気後退から前年比4.6%の減少となった。1年間における業務用需要の約60%が冬期（12月〜3月）に生じる。今後とも業務用床面積の増加に伴って需要の増加が見込まれている。

産業用需要

　産業用需要は天然ガス需要のなかで最も大きなシェアを持ち，1年間を通して消費量の変化はあまりない。1986年から1996年まで年率4.2%と安定的に産業用需要は増加したが，1996年から2000年にかけては，鉱工業生産が年率2.9%増加したにもかかわらず，産業用需要は年率1.0%の下落となった。これは，エネルギー集約的な産業からそれほど集約的ではない産業へのシフトや，新しい設備の導入によるエネルギー効率の改善によるものである。また，他燃

料とのスイッチング能力を持つ大口需要家が，天然ガス価格が高騰している時にその能力を行使すれば，天然ガス需要の減少を後押しすることになる。2001年は景気後退と天然ガス高価格によって，前年比9.6％の大幅な減少となった。

発電用需要

発電用需要は1990年代初めまでは年間3兆cf前後とほぼ横這いで推移した。しかし，1996年以降は年率6.8％ペースで急成長している。この急成長の背景は，堅調な電力需要の伸び（1995年以降年率2.4％増）と天然ガスを燃料とした新設発電プラントの増加である。発電用需要は，気候変化，水力発電等代替エネルギー供給の有効性，そして競合燃料の価格動向によって左右される。

図3－2に用途別需要推移，図3－3に同じく月次需要推移を示す。

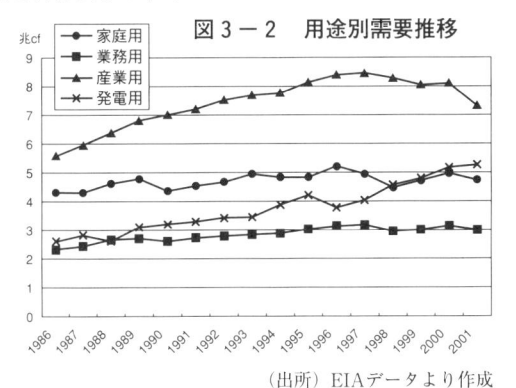

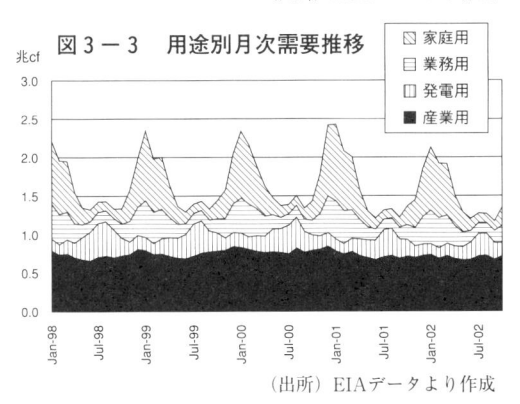

図3－2　用途別需要推移

（出所）EIAデータより作成

図3－3　用途別月次需要推移

（出所）EIAデータより作成

2．供給の動向

(1) 供給フローの動向

国内天然ガス生産

アメリカは国内に多くのガス田を有しており，2001年の国内生産量は，19.7兆 cf（5,580億 m^3）であった。これは国内消費量の89％に相当する。石油の国内自給率が約40％であることと比較すると，天然ガスの国内自給率は相当に高い。国内天然ガス生産は，テキサス州，ルイジアナ州，ニューメキシコ州など南部エリアに集中している。2001年12月現在の確認埋蔵量は約183兆 cf であり，埋蔵地域はロッキー山脈およびメキシコ湾からテキサス州地域に集中している。

天然ガスの輸出入

2001年の天然ガスネット輸入量は，3.6兆 cf（1,020億 m^3）で国内消費量の16％に相当する。輸入量は1986年以来着実に増加しており，2001年のグロス輸入量4.0兆 cf は1986年の5倍以上に相当する。輸入の94％はカナダからのパイプラインによって行われ（3.7兆 cf），また，少量ながらメキシコおよびカナダへパイプラインによる輸出（0.3兆 cf）も行われている。

LNG 輸入

2001年の LNG 輸入量は2,380億 cf（488万トン）であり，トリニダードトバゴ（980億 cf），アルジェリア（650億 cf），ナイジェリア（380億 cf），カタル（230億 cf）等が主要供給国である。

地下貯蔵設備

2000年末における地下貯蔵設備のキャパシティーは3.9兆 cf（年間需要の約60日分に相当）であり，天然ガス需給の物理的バランスを取るために重要な役割を担っている。暖房需要期入り前の10月の在庫量は概ね3兆 cf 前後で推移しているが，2000年10月は2.7兆 cf と記録的な低在庫であったため，2001年の天然ガス価格が高レベルを維持する原因となった（EIA/DOE [2001d]）。

(2) 需要と供給のタイムラグ

　天然ガス供給は競争率の高いアメリカ市場の影響に基づいている。つまり，天然ガス価格の上昇は，市場へ天然ガス供給を増加させる必要があることを生産者に伝えるシグナルでもある。このようなシグナルは直ちに認識されるものの，天然ガスの需要増加と供給増加の間には，その実行においてタイムラグが存在する。短期的な供給有効性の障害と言えるこのタイムラグは以下の要因で発生する（http://www.naturalgas.org/）。

　　a．熟練労働者の有効性

　　　天然ガス価格が低かった1990年代において，探鉱および生産活動の縮小を余儀なくされたため，熟練労働者の雇用も相応して減少してしまった。

　　b．設備の有効性

　　　掘削リグは非常に高価な設備であるため，生産活動の増加に応える時に掘削リグの製造と適切な配置には時間が必要である。

　　c．ガス田開発認可

　　　掘削設備を配置しガス田の掘削を開始するためには，生産者は土地所有者（多くの場合は連邦政府）から必要な承認を取得しなければならない。そのため，埋蔵確認から実際の生産開始まで少なくとも数ヶ月，長ければ10年にもその期間は及ぶ。

3．産業・流通構造

(1) 規制緩和前後の産業・流通構造

　アメリカの天然ガス産業の構造は，規制緩和以前においては非常に単純なものであり，生産者，パイプライン会社，地域配給会社にはっきりと区分けされていた。流通経路も同様に単純であり，生産者はパイプライン会社に天然ガスを販売し，パイプライン会社はそれをシティーゲート（City Gate）と呼ばれる場所で地域配給会社に受け渡し，そこから最終消費者へ配送されていた。パイ

プライン会社は輸送機能とともに卸売り機能を持ち，生産者から購入した天然ガスに加えて貯蔵や需給調整等を含む一括したサービスを地域配給会社へ提供していた。

しかしながら，1992年に発効された指令第636号により，パイプライン会社は輸送機能と販売機能の分離（アンバンドリング）を要求された。これによって，産業用や発電用などの大口需要家や地域配給会社が，生産者から直接天然ガスを購入したり，マーケッターやブローカー等の新しい市場参加者を介した取引を行うようになった。

(2) 供給チェーンの概要

現在の天然ガス産業には，独占的および支配的な力を行使する企業は存在せず，天然ガス各供給チェーンにおいて所有構造やプレーヤーが異なることがほとんどであることから，他の業界に比べて垂直統合のレベルが低い（各チェーンの数値は2000年末時点）。

生産者（Producers）

家族経営からメジャーと呼ばれる大規模一貫操業会社まで，8,000社以上の生産会社（メジャーは24社）が操業している。

パイプライン（Pipelines）

約160社のパイプライン会社が28万マイル以上のパイプラインを展開している。この内18万マイルは州際パイプラインである。

貯蔵設備（Storage）

地下貯蔵設備は415サイトあり，これらの設備能力は約3.9兆 cf（1,100億 m^3），1日当たり780億 cf（22億 m^3）の払出し能力を有している。貯蔵設備の多くは，枯渇した生産ガス田をそのまま利用したものであり，パイプライン会社や地域配給会社によって，所有・運営されている。

マーケッター（Marketers）

260社以上のマーケティング会社が存在している。マーケッターの介在によって扱われる天然ガス量は，実際の消費1に対して2.7と推測されている。

地域配給会社 (Local Distribution Companies)

公営,私営をあわせて1,500社の地域配給会社があり,83万マイル以上の配給パイプラインを所有している。配給地域において独占状態を維持しているが,州によっては配給における消費者選択オプションが進行中である。

4. 価格構造

(1) 最近の価格動向

一般的に井戸元価格は,ルイジアナ州のヘンリー・ハブ (Henry Hub) を引渡し場所と定めたNYMEX (ニューヨーク商品取引所) 価格を指標価格としている。1990年代の井戸元価格は,千cf当たり2～3ドル前後で推移したが,2000年に劇的に上昇し,2001年上半期まで高レベルな価格が継続した (図3-4参照)。

この価格急騰の要因を需要サイドから見ると,

　a. 国内経済成長の追い風を受けて,発電用を中心に天然ガス需要が増加したこと
　b. 特に2000年は平年と比べて猛暑と厳冬が訪れたこと
　c. カリフォルニア州周辺の渇水による水力発電不足から天然ガス焚き発電の稼動が上昇したこと

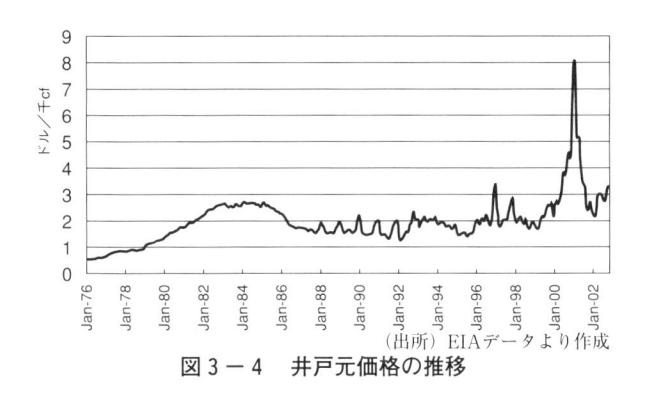

(出所) EIAデータより作成

図3-4　井戸元価格の推移

等があげられる。

供給サイドにおいては,
- a．1999年までの低価格により, 天然ガス開発投資が低迷していたこと
- b．貯蔵設備への充填期間（夏期）においても高価格が続いたため, 低い貯蔵レベルのまま冬期を迎えたこと
- c．利益確保を優先した機関投資家等の圧力により, 供給インフラ会社（パイプライン・貯蔵設備）がそもそも予備能力を持ち合わせていなかったこと
- d．天然ガスのコモディティー化が進み, 先物市場での投機的な動きが価格動向へ大きな影響を及ぼすようになったこと

等が考えられる（EIA/DOE［2001a］）。

その後, 景気のスローダウンと穏やかな気候に伴い需要が減少する一方, 供給増加は継続して行われたため, 天然ガス価格は下落することになった。

(2) 価格の構成

天然ガス価格は以下の3パートから構成されている。

① 輸送コスト（Transmission costs）

天然ガス生産地から地域配給会社のシティーゲートまでパイプラインによってガスを移動させるコスト

② 配給コスト（Distribution costs）

シティーゲートから需要家のもとまでガスを配給するコスト

③ 商品コスト（Commodity costs）

ガス本体のコスト（地域配給会社は商品コストにはマージンを付加しないで需要家に転嫁する）

一般的に, 家庭用や業務用のような小口需要家においては, 商品コストはコスト合計の半分以下である。また, 輸送コストおよび配給コストは消費量レベルに連動しない固定コストであるので, 夏のピークオフ時に井戸元価格（商品コスト）が低いのにもかかわらず消費量が少ないため, かえって最終価格が上

第3章　アメリカの天然ガス産業　91

昇するケースもある。

　2001年平均の最終需要家価格は、千cf当たり家庭用9.64ドル、業務用8.43ドル、産業用5.28ドル、発電用4.67ドルであった。平均井戸元価格が千cf当たり4.02ドル、平均シティーゲート価格が5.72ドルであったことから、輸送コストは概ね1.7ドル程度、一般家庭への配給コストは概ね4ドル程度と想定される。

(3) 価格変動サイクル

　アメリカにおける天然ガス市場の性質は、競争的な他の商品市場と同様に、価格が需給状況をストレートに反映している。天然ガス需要が増加し、それに伴って価格が上昇する時、生産者は上昇する需要に一致するように生産能力を増加させようとする。しかし、天然ガス生産の増加には、リース取得、必要な政府承認、探鉱作業、掘削作業、パイプライン接続等の一連の準備期間が必要とされる。需要および価格の上昇と生産の増加のタイムラグは、通常6ヶ月（陸上ガス田）から18ヶ月（沖合いガス田）に及ぶ（図3－5参照）。

　一方、天然ガス価格が下落する局面では、生産者は時間をかけて生産能力を削減して低価格に対応する。同時に低価格は再び天然ガス需要を増加させ、価格の上昇圧力を引き出すことになる。このように天然ガスの価格変化と需給変

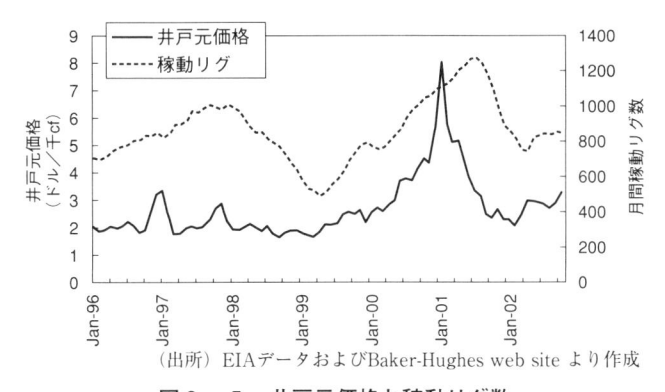

（出所）EIAデータおよびBaker-Hughes web site より作成

図3－5　井戸元価格と稼動リグ数

化は周期的な動きをくり返している。生産者と消費者は価格の変化に合理的に反応する。天然ガス価格のボラタリティーは，生産者と消費者の両方に需給均衡に向けたシグナルを送っていると言える（EIA/DOE [2001a]）。

(4) 価格変動における課題

短期的には既存のガス田からの供給は，価格の変化に対して非弾力的である。より低い価格局面においても生産を継続する理由として，

  a．一旦生産を停止するとガス田の特性から回復することが困難である場合
  b．将来の天然ガス価格が今より高いという保証はないため，現在生産した方が良いと判断する場合
  c．石油随伴ガスにおいて，同時に石油生産を停止することは不経済である場合
  d．財政上または契約上一定量の生産継続が必要である場合

等が考えられる（http://www.naturalgas.org/）。

また，天然ガス消費設備は一般的に15年以上の寿命を持つので，特に家庭用・業務用天然ガス消費においても，価格の変化に対して短期的には非弾力的である。天然ガス需給の短期非弾力性は，結果的に将来の天然ガス価格においてボラタリティーを増幅することに結びつくかもしれない（EIA/DOE [2001a]）。

(5) 競合燃料の影響

産業用大口需要家および発電用需要家は，直ちに他燃料にスイッチできる設備能力を有している。よって，この需要サイドの柔軟性は，天然ガス価格のボラタリティーを制限することができる。具体的には，アメリカ北東部および大西洋中央部エリアの発電用天然ガス価格は，冬期においては低硫黄重油価格がシーリングとなり，夏期においては南部から供給される石炭価格がフロアとなっている（IEA [1998]，EIA/DOE [2000]）。

第2節　規制緩和の進展と構造改革

1．規制緩和以前の天然ガス産業

　アメリカの天然ガス産業の歴史は古く，19世紀中頃に石炭からガスを製造し，その生産地域内にガスを配給することから始まった。20世紀初めには，地方自治体間で天然ガス輸送が開始され，配給網の発達とともに州内天然ガス市場に対する州政府による規制も導入されるようになった。これは，地域配給会社にフランチャイズ（排他的な営業区域）を認めるとともに，レート・ベース規制を課すものであった。レート・ベース規制とは，公正で適正な価格を設定させて消費者の利益を擁護する一方，持続的な投資を可能にするため，公益企業に適正な収益を保証する方式である。やがて，長距離輸送を可能とする技術の進歩によって，1930年代に総延長2万マイルに及ぶ幹線パイプラインが登場するようになると，もはや州政府レベルでは合理的な規制が不可能となったため，州際パイプラインの独占に対する懸念から，連邦政府が市場に介入することを検討し始めた。

　1938年に連邦政府は，天然ガス法（Natural Gas Act）を制定し，州際天然ガス市場の規制に直接関与するようになった。この法は州際パイプラインの輸送料金を規制し，新しい州際パイプラインの建設には当局の認可が必要であることを定めるものであり，この規制権限が連邦動力委員会（Federal Power Commission, FPC）に与えられた。但し，天然ガス法は適正コストに基づくパイプライン輸送料金を規制するものの，井戸元価格への関与はなされなかった。

　1948年にフィリップス石油会社（Phillips Petroleum Co.）が州際パイプライン会社に販売する天然ガス価格を引き上げた時に，その決定が不当であるとしてウィスコンシン州当局が連邦裁判所に提訴した。1954年に連邦最高裁は同州の主張を認める判決を下し，州際パイプライン会社が購入する井戸元価格に対しても連邦動力委員会がレート・ベースで規制することとなった。やがてアメリ

カ経済がインフレ化すると，この規制価格は州際天然ガス市場における実際の価値よりも著しく低かったため，生産者は州際市場への供給インセンティブを失うようになり，規制されていない州内市場への供給に傾注していった。州際天然ガス市場への供給不足は，石油ショック等も重なって深刻化していった。こうして，消費者の利益を擁護するための価格規制が，消費者に不利益をもたらすようになった，との見解が議会内でも強まっていった（http://www.naturalgas.org/)。

2．規制緩和・構造改革の進展

(1) 天然ガス政策法（Natural Gas Policy Act）

アメリカの天然ガス産業の規制緩和は，1978年の天然ガス政策法によって始められた。天然ガス政策法は，新たなガス開発や生産を促すために，1977年以降に発見され1985年1月以降に契約される井戸元価格への規制を段階的に廃止することを定めた。これは，天然ガス生産へのインセンティブを高めることにより，州内と州際の天然ガス市場間の壁を克服して，州際市場への供給不足の解消を狙うものであった。この天然ガス政策法によって，生産者は規制緩和された市場で井戸元価格をせり上げ，州際パイプライン会社に対して長期のテイク・オア・ペイ契約を課することができるようになった。

また，1977年に連邦エネルギー規制委員会（Federal Energy Regulatory Commission, FERC）が設立され，天然ガス政策法のもと，州際パイプライン料金，パイプライン新設許可，環境問題に関連した事象等について規制権限を与えられた。FERCは，大統領の指名を受けた5人の委員で構成され，各委員の任期は5年間，毎年1人の委員が交代する。

(2) テイク・オア・ペイ契約のジレンマ

時間の経過とともに，過熱する天然ガス供給状況にジレンマが生じるようになった。1980年代初めの景気後退に伴うガス需要の下落とテイク・オア・ペイ

負債の増加に直面したパイプライン会社は，より高価格な天然ガスの配送を優先することによって，負債の増加を抑えようとした。しかし，これは天然ガス価格を上げ，消費を減少させる結果となったため，パイプライン会社のテイク・オア・ペイ契約に基づく債務はさらに膨らむことになった。同時に生産者は，パイプライン会社に対する不良債権を抱えることになり，キャッシュフローの確保のため，スポット市場において天然ガス販売を試みるようになり，こうした動きが，さらに井戸元価格に対する下方圧力を強めた。スポット市場における価格下落は，パイプライン会社からよりも安く天然ガスを買う機会を求めているトレーダーや需要家を出現させた。彼らは生産者から直接ガスを購入して，州際パイプライン会社に輸送機能のみを求めるようになった（石油／天然ガスレビュー［2001］）。こうした動きのなか，1985年にFERCは指令第436号を発効した。

(3) 指令第436号（Order 436）

指令第436号において，輸送料金の上限・下限値が設定され，その範囲内でパイプライン会社は需要家に料金提示ができるようになった。また，パイプライン会社が自由意志に基づいて第三者にオープンアクセス輸送を行うことを許可した。そして，オープンアクセス輸送を提供した場合は，新しいパイプラインの建設許可を簡便化することとした。

パイプライン会社のオープンアクセス導入により，州際市場の天然ガス供給の主流は，パイプライン会社に再販売されることなく，需要家が生産者から直接天然ガスを購入する取引形態に移行していった。これは，州際パイプライン会社の機能が輸送機能に限定されることを意味し，パイプライン会社は売上高を失う一方で，オープンアクセスによる追加的な輸送収入を得ることができるようになった。

指令第436号によって，様々な天然ガス購入・輸送パターンが登場し，需要家の選択肢が増加した。また，最終消費ポイントにおける価格から配給コストおよび輸送コストを減じて井戸元価格を設定する，いわゆるネットバック方式

によるプライシングが登場するようになった。

(4) 指令第500号 (Order 500)

その後，指令第436号は指令第500号（1987年）に引き継がれながら，テイク・オア・ペイ債務問題の解決を追求した。指令第500号では州際パイプライン会社がコスト高なテイク・オア・ペイ契約を買い取ることを奨励し，彼らの需要家にそのコストを転嫁することを許可した。

(5) 井戸元価格規制撤廃法 (Natural Gas Wellhead Decontrol Act)

1989年，政府は1978年の天然ガス政策法制定以降残っていた井戸元価格規制を廃止する天然ガス井戸元価格規制撤廃法を制定し，1993年1月以降井戸元価格が全て自由化されることになった。

(6) 指令第636号 (Order 636)

1992年にFERCが発効した指令第636号は，パイプライン市場の構造改革を完了することを目指した。この目的は，パイプライン会社の輸送サービス料金設定における透明性を改善することにより，需要家の選択肢を増加させて，より競争的な市場を構築すること，そして需要家への天然ガス供給コストを縮小し，ビジネス開発を促進させることである。この指令が実行されると，州際パイプライン会社と利用者が契約したパイプライン輸送能力や貯蔵能力の過剰分を取引する2次市場も形成されるようになった。指令第636号の重要な要素は，以下の4点に集約される（IEA [1998]）。
① 輸送・貯蔵設備へのオープンアクセス

パイプライン会社は，全ての顧客に対して非差別的に輸送・貯蔵設備へのアクセスを提供しなければならない。同時に正確でタイムリーな情報提供サービスを行わなければならない。
② パイプライン会社のアンバンドリング（輸送機能と販売機能の分離）

これまでパイプライン会社は天然ガスの輸送から販売まで一括したサービス

を提供してきたが，販売機能は関連子会社に分離され，パイプライン会社は輸送機能に特化することになった。指令第436号のもとではアンバンドリングは任意であったが，指令第636号では義務となった。需要家にはより多くの選択肢が広がり，供給・輸送・貯蔵等各供給チェーン単位に契約できるようになった。

③ 輸送能力のリリースと再割り当て

パイプライン会社とシッパーとの間で不要となり返還されたパイプライン・キャパシティーの再割り当てが認められるようになった。パイプライン会社は，電子掲示板システム（Electronic Bulletin Board）によって，パイプラインの利用可能状況等を等しく情報提供するようになった。

④ 料金体系

パイプライン料金は，SFV（Straight Fixed Variable）法と呼ばれる料金設計がなされ，固定容量料金（Fixed Capacity Charge，または Booking Fee）と従量料金（Commodity Charge）に分類された。この料金設計によって大口需要家の高負荷時，あるいは地域配給会社の低負荷時における支払い料金を引き下げることになった。

3．天然ガス産業の変革

指令第636号による州際パイプライン市場の構造改革は，アメリカ天然ガス産業により競争的で市場に依存する環境をもたらした。天然ガス購入・輸送・貯蔵設備・金融リスク管理等のサービスを含む多種多様で複雑な契約が登場するようになった。

(1) マーケッターの登場

多くのパイプライン会社は指令第636号によって販売部門を切り離し，関連子会社を設立した。これらがマーケッターと呼ばれる卸売り業者である。彼らは最終需要家や地域配給会社に対して再パッケージしたようなサービスを提供

しながら，市場に参入していった。同時に契約関係もより複雑になった。アンバンドリング以前はパイプライン会社から一括契約で購入していた最終需要家や地域配給会社は，マーケッターと一括したサービス契約を結ぶか，供給・輸送・貯蔵設備・その他サービスを別々に契約するか，オプションを持つようになった。需要家の選択肢が拡大すると同時に取引に伴うコストも増加し，需要家はオペレーションやファイナンス管理についてより高度な知識を持つようになった。

(2) 契約期間の長さとプライシング条件

規制緩和以前はほとんど長期契約のもとで天然ガスは販売されていたが，規制緩和がスタートして以来，天然ガス供給の契約期間は著しく短縮し，短期・中期・長期契約は概ね3分の1ずつになった。

短期契約の契約期間は1ヶ月以内であり，突然の需給変動バランスを満たすために契約される。また，燃料のスイッチング能力を持つ需要家に対して，競合燃料の価格動向から利益を得る機会を与えることができる。価格は取引がなされた時に決定される。

中期契約は3年以内の契約期間を指し（大部分は1年以内），ほとんどの契約は日量や月量が固定されている。多くの地域配給会社は中期契約に依存している。価格は公開されているスポットや先物市場の動きに連動されている。

3年以上の契約期間である長期契約は，生産者が生産能力の拡張に伴う固定費を回収するために，あるいは需要家が信頼できる供給源を確保するために契約される。価格は中期契約同様にスポット・先物市場の価格をインデックスとすることが一般的であるが，代替燃料価格をインデックスとしたり，固定価格とするケースもある。

(3) 輸送サービス契約の変化

輸送契約は，「ファーム契約（Firm，継続的な契約）」と「インタラプティブル契約（Interruptible，需給に応じて何時でも打ち切り可能な契約）」に分けられ

る。ファーム契約はパイプラインの輸送キャパシティーを継続的に確保する契約であり，実際の天然ガス輸送量に関係なく，キャパシティーに対する料金を支払う。

一方，インタラプティブル契約はキャパシティーに余裕がある場合のみ天然ガスを輸送する，いわば途中打ち切りを前提にしているため，燃料スイッチング能力を持っている需要家が契約する場合が多い。また，この契約は柔軟なものであるので，供給および需要サイドのいずれかに信頼性が低い場合に有効である。この契約ではキャパシティーに対してではなく，実際に輸送された天然ガス量に応じて料金を支払う。

構造改革が始まった1980年代は，インタラプティブル契約が半分以上を占めていたが，指令第636号以降は激減し，それに代わってファーム契約や，新しく登場した「事前通知を必要としないファーム契約」が増加していった。事前通知を必要としない契約と従来のファーム契約との違いは，シッパーがパイプライン会社と交渉したファーム契約に適用したスケジュール範囲を超えてガス輸送してもペナルティーが生じないことである。

指令第636号によって，シッパーは自分自身にとって不要となったパイプライン・キャパシティーを第三者に譲渡することが可能となったので，余剰の輸送キャパシティーが柔軟に弾力的に運用されるようになった（IEA［1998］）。

(4) スポット・先物市場と市場ハブの発達

スポット市場は井戸元価格の規制緩和に伴って1980年代中頃に登場した。構造改革に伴って出現した価格のボラタリティーは，天然ガス・トレーダーが中長期の固定価格リスクをヘッジすることを目的とした様々な財務管理ツールの開発に結びついた。初めての先物取引は1990年4月にNYMEXにおいて，ルイジアナ州ヘンリー・ハブを引渡し場所にする取引に対して行われた。

市場ハブの登場は構造改革の重要な面とも言える。指令第636号は市場ハブを「異なるパイプラインが交差し，天然ガス売買が生じるエリア」と定義した。市場ハブは供給および業務処理コストを削減し，正確でタイムリーな価格

情報の流布に貢献した (IEA [1998])。

4．規制緩和の現状

(1) 現存する規制

　アメリカの天然ガス産業の規制緩和は，過去四半世紀にわたって劇的な変化をもたらした。天然ガス供給チェーンにおいて，生産者およびマーケッターに対する直接的な規制は撤廃されたが，パイプライン会社と地域配給会社に対しては，依然として監視規制が存在している。この監視規制は独占的な力を有する市場プレーヤーがその力を乱用することを防ぎ，効率的な市場機能を維持するために必要な規制と考えられている。

　パイプライン会社は，彼らが課す輸送料金や新しいパイプラインの建設に対して提供するアクセスについて規制されている。地域配給会社に対する規制は，州際パイプライン規制とほとんど同じ目的を有しており，特に単一の供給ソースに頼る比較的立場の弱い消費者を保護することを主眼としている。州の規制機関である公益事業委員会 (Public Utility Commission, PUC) がこの任にあたっている。

(2) 州レベルの規制緩和

　家庭用や業務用の規制緩和は州によってその進展度合いが大きく異なっている。2002年12月時点においては，完全にアンバンドリング実施：6州，アンバンドリング進行段階：8州，部分的アンバンドリング／パイロットプログラムの実施：8州，検討中：10州，という状態にあり，当該州における家庭用需要家の約10%が供給者選択を行っている (EIA/DOE [2003c]，表3－1参照)。

　2000年末から2001年初頭にかけてアメリカの天然ガス価格が高騰したが，この原因について EIA (Energy Information Administration) は規制緩和が不十分であったからだ，との見解は示していない。アメリカの潜在的な天然ガス供給力に不安はなく，規制緩和によってスポット・先物市場が発展しているので，天

表 3 − 1　米国各州の小売自由化実施状況（2002年12月現在）

アンバンドリング 100％実施（6州）	ワシントン DC，ニュージャージー，ニューメキシコ，ニューヨーク，ペンシルバニア，ウェストヴァージニア
アンバンドリング 進行段階（8州）	カリフォルニア，コロラド，ジョージア，メリーランド，マサチューセッツ，ミシガン，オハイオ，ヴァージニア
部分的アンバンドリング ／パイロットプログラム 実施（8州）	フロリダ，イリノイ，インディアナ，ケンタッキー，モンタナ，ネブラスカ，ワイオミング，サウスダコタ
アンバンドリング 検討中（10州）	アイオワ，カンザス，メイン，ミネソタ，ネヴァダ，ニューハンプシャー，オクラホマ，サウスカロライナ，テキサス，ヴァーモント
アンバンドリング 未実施（17州）	アラスカ，アラバマ，アーカンソー，アリゾナ，コネティカット，ハワイ，アイダホ，ルイジアナ，ミシシッピ，ミズーリ，ノースカロライナ，ノースダコタ，オレゴン，ロードアイランド，テネシー，ユタ，ワシントン
パイロットプログラム 打ち切り（2州）	デラウェア，ウィスコンシン

（出所）EIA ホームページより作成

然ガス市場の価格メカニズムは良く機能している，と EIA は評価している。事実，天然ガス価格は2001年に入って下落していった。このガス価格の高騰によって州レベルの規制緩和の推進にややブレーキがかかったが，それは状況をしばらく静観しようとする動きと思われる（国際動向 [2001/2]）。

第3節　供給インフラの整備と長期見通し

1．パイプライン

　アメリカの天然ガス・パイプライン・ネットワークは，需要の増加を満たすために広範囲で拡大し続けた。例えば，1991年から2000年までの10年間において，天然ガス消費量は19.6兆 cf から23.3兆 cf へ約19％増加したのに対し，州

際パイプライン能力は，1日当たり740億cfから940億cfへ消費を上回る約27％の伸びとなった。特に1998年以降は，カナダやロッキー山脈エリアからの長距離パイプラインの完成によって，マイル数・能力ともに急激に上昇している。天然ガス需要の増加によって，パイプライン・キャパシティーの利用率は高いレベルで推移したが，市場ハブや地下貯蔵設備等の供給チェーンの信頼性と柔軟性の向上により，パイプライン・サービスの混乱や制約はほとんど生じなかった。

EIAによれば，2001年から2003年の3年間で1日当たり320億cfの能力を追加する新設パイプラインの敷設および既存パイプラインの拡張が計画されている。また，2020年にかけて州際パイプラインの容量は毎年1.5％ずつ増加すると予想している。一般的に，パイプライン敷設は建設許可申請から完成まで約3年間かかると想定されているが，規制当局の承認の遅れ，地域住民の反対，あるいは需要見通しの誤り等によって，完成が遅れる場合もある（EIA/DOE [2001c]）。

2．LNGターミナル

(1) 既存ターミナルの操業状況

アメリカでは1970年代に4つのLNGターミナルが上昇する天然ガス価格を背景にして建設された。マサチューセッツ州のエバレットターミナル，メリーランド州のコーブポイントターミナル，ジョージア州のエルバ島ターミナル，そしてルイジアナ州のレークチャールズターミナルである。しかしながら，1979年に2,530億cf（518万トン）の取扱い量（アルジェリアからの輸入）を記録した後，井戸元価格規制緩和やパイプラインのリストラクチャリングによる急激な天然ガス価格の値下がりと供給過剰によって，LNG供給は一気に経済性を失うようになり，エバレットターミナル以外は全て操業停止に追い込まれた。その後，1989年にレークチャールズターミナルがアルジェリアからのスポットカーゴを受け取るために操業を再開した。

1990年代後半になると，LNG供給国の多様化やLNGコストの著しい低下が見られるようになった。アルジェリアに加えてトリニダードトバゴ，カタル，ナイジェリアなどの国々からの供給が開始された。一方，LNGコスト（液化コスト，輸送タンカーコスト，再ガス化コスト等）も急激に低減されるようになり，天然ガス供給においてLNG供給の経済性が十分に競争力を保持できるようになった。こうして，近年の天然ガス高価格と増加する需要を受けて，エルバ島ターミナルは2001年10月に約20年ぶりに操業を再開した。コーブポイントターミナルはFERCからの操業承認は取得したものの，州当局による環境影響評価が進んでおらず，操業再開は2003年春までずれ込むことになった（EIA/DOE [2003a]，DSR [2002]）。

(2) 拡張計画と今後の見通し

現在，4ターミナルの合計キャパシティーは年間8,260億cf（1,690万トン）であるが，今後年間1.43兆cf（2,930万トン）まで能力を増強することが計画されている（表3－2参照）。

一方，高レベルな天然ガス価格を背景にして，現在のところ18の新しいLNGターミナルの建設計画も発表されている（2002年8月現在，年間5.6兆cf以上の合計設計能力）。

新しいLNGターミナル建設の経済性については，海外生産コストに液化・輸送・再ガス化コスト等を加えた価格と，国内井戸元価格にLNGターミナル近くへの天然ガス輸送コストを加えた価格との比較評価によって決定される。平均的には，千cf当たり3～4ドル程度の天然ガス価格が維持されれば，LNGターミナルの事業計画は実現性を帯びることになる。

EIAによれば，電力会社向けを中心とした今後の天然ガス需要増加において，LNG輸入は2001年の2,380億cfから，2025年には2.14兆cfまで約9倍に増加すると予想されている。2025年の天然ガス消費量が34.9兆cfと想定されているので，LNGによる供給シェアは現在の1％から6％まで高まることになる。また，この段階では，既存4ターミナルの拡張とともに3つの新しい

表3－2　既存LNGターミナル概要

	エバレット(Everett)	コーブポイント(Cove Point)	エルバ島(Elba Island)	レークチャールズ(Lake Charles)	（合計）
所在地(州)	マサチューセッツ	メリーランド	ジョージア	ルイジアナ	
操業状況	1971年～	1978～1980年 2003年～ （予定）	1978～1980年 2001年～	1982～1983年 1989年～	
アクセス	クローズ	オープン（予定）	オープン	オープン	
払出し能力（億cf/年）	1,590	2,740	1,630	2,300	(8,260)
拡張計画（億cf/年）	1,750	910	1,310	2,080	(6,050)
バース数	1	2	1	1	
タンク能力（億cf）	35	50	40	63	(188)
2001年受入（億cf）	904	－	26	1,451	(2,381)

（出所）EIAホームページ等から作成

ターミナルが操業を開始していると予想されている（EIA/DOE [2003a]）。

3．長期見通し

(1) 需要見通し

　2003年1月にEIAが発表した2025年までの長期需給見通し（AEO 2003, Annual Energy Outlook 2003 with Projections to 2025）によれば，2001年から2025年までに1次エネルギー消費量（Btu換算）は，97.3千兆Btuから139.1千兆Btuへ年率1.5％のペースで増加すると予想されている（表3－3参照）。

　用途区分別に見ると，家庭用需要が年率1.0％，業務用需要が年率1.6％，産業用需要が年率1.3％，輸送用需要が年率2.0％，発電用需要が年率1.4％とそれぞれ増加すると予想されている（表3－4参照）。

第 3 章　アメリカの天然ガス産業　105

表 3 – 3　1 次エネルギー消費量見通し（燃料別）

（千兆 Btu）	2001年	（構成比）	2010年	（構成比）	2020年	（構成比）	2025年	（構成比）	2001〜2025年率
石　油	38.5	39.6%	44.6	39.4%	52.6	40.4%	56.6	40.7%	1.6%
天然ガス	23.3	23.9%	27.8	24.5%	32.9	25.3%	35.8	25.7%	1.8%
石　炭	22.0	22.6%	25.0	22.1%	27.7	21.3%	29.4	21.1%	1.2%
原子力	8.0	8.2%	8.4	7.4%	8.4	6.5%	8.4	6.0%	0.2%
再生エネルギー	5.3	5.4%	7.2	6.4%	8.3	6.4%	8.8	6.3%	2.1%
その他	0.2	0.2%	0.3	0.3%	0.2	0.2%	0.1	0.1%	−4.4%
合　計	97.3	100%	113.3	100%	130.1	100%	139.1	100%	1.5%

（出所）EIA AEO 2003 より作成

表 3 – 4　1 次エネルギー消費量見通し（用途別）

（千兆 Btu）	2001年	（構成比）	2010年	（構成比）	2020年	（構成比）	2025年	（構成比）	2001〜2025年率
民生用	20.1	20.7%	22.7	20.0%	24.5	18.8%	25.4	18.3%	1.0%
業務用	17.4	17.9%	20.2	17.8%	23.5	18.1%	25.3	18.2%	1.6%
産業用	32.7	33.6%	37.0	32.7%	41.7	32.1%	44.4	31.9%	1.3%
輸送用	27.1	27.9%	33.4	29.5%	40.4	31.1%	44.0	31.6%	2.0%
合　計	97.3	100%	113.3	100%	130.1	100%	139.1	100%	1.5%
（うち発電用）	37.7	38.7%	43.2	38.1%	49.0	37.7%	52.1	37.5%	1.4%

（出所）EIA AEO 2003 より作成

天然ガス需要は，2001年の22.2兆 cf（6,280億 m³）から2025年の34.9兆 cf（9,880億 m³）まで，年率1.9％の伸びが予想されている（表3－5，図3－6参照）。特に発電用需要は，2001年の5.3兆 cfから2025年の10.6兆 cfまで，年率2.9％の成長率が予想され，2025年においては発電用需要が天然ガス需要合計の30％を占めると予想されている（2001年は24％）。電力需要も2025年まで年率1.5％の需要増を予想しているが，多くの新設発電プラントは天然ガス焚きを計画しており，この結果，電源構成における天然ガスシェアは29％まで高まるものと予想されている（2000年は16％）。今後の発電用需要動向に影響を与える要因として，石炭等競合燃料の価格動向，CO_2規制等の環境規制動向，技術進歩等があげられる。そして，天然ガス焚き発電は，より少ない資本コスト，より短い建設準備期間，より高い発電効率，より低いCO_2排出等から，石炭焚き発電よりも優位にあると考えられている。

(2) 供給見通し

　AEO 2003によれば，2001年から2025年の間に天然ガス供給が11.4兆 cf（3,230億 m³）増加すると予想されている。このうち，7.3兆 cfが国内生産，4.1兆 cfがネット輸入である。国内生産の最大の増加は，ロッキー山脈エリアからの生産（2.7兆 cf）で，続いてパイプライン完成によるアラスカノーススロープからの供給（2.2兆 cf）である（表3－6参照）。

　生産タイプに関して言えば，掘削技術の進歩と天然ガス価格の上昇の結果，非在来型（タイトサンド，石炭層メタン等）からの天然ガス生産が，2001年の5.4兆 cf（生産シェア28％）から2025年の9.5兆 cf（生産シェア36％）と，在来型よりも急速に増加すると予想されている。一方，在来型天然ガス生産は，2001年の10.8兆 cf（生産シェア56％）から2020年に12.9兆 cfと一旦ピークを迎えた後，2025年の12.5兆 cf（生産シェア47％）に減少すると予想されている。

　2001年から2025年までの毎年の追加埋蔵量は，沖合いガス田から4兆 cf，陸上の在来型ガス田から7兆 cf，陸上の非在来型ガス田から9兆 cfが見込まれている。

第3章 アメリカの天然ガス産業

表3-5 天然ガス消費量見通し（用途別）

(兆Btu)	2001年	(構成比)	2010年	(構成比)	2020年	(構成比)	2025年	(構成比)	2001～2025年率
民生用	4.8	21.6%	5.5	20.3%	5.9	18.4%	6.2	17.8%	1.1%
業務用	3.0	13.5%	3.7	13.7%	4.2	13.1%	4.4	12.6%	1.6%
産業用	7.4	33.3%	8.9	32.8%	10.1	31.5%	10.9	31.2%	1.6%
発電用	5.3	23.9%	6.8	25.1%	9.4	29.3%	10.6	30.4%	2.9%
その他	1.7	7.7%	2.2	8.1%	2.5	7.8%	2.8	8.0%	2.1%
合計	22.2	100%	27.1	100%	32.1	100%	34.9	100%	1.9%

(出所) EIA/AEO 2003より作成

表3-6 天然ガス供給見通し

(兆cf)	2001年	(構成比)	2010年	(構成比)	2020年	(構成比)	2025年	(構成比)	2001～2025年率
生産	19.7	84.2%	22.0	82.1%	25.2	79.0%	26.8	77.5%	1.3%
48州陸上	13.7	58.5%	16.3	60.8%	19.1	59.9%	18.4	53.2%	1.2%
48州沖合い	5.5	23.5%	5.1	19.0%	5.4	16.9%	5.7	16.5%	0.1%
アラスカ	0.4	1.7%	0.5	1.9%	0.6	1.9%	2.6	7.5%	7.8%
その他	0.1	0.4%	0.1	0.4%	0.1	0.3%	0.1	0.3%	0.9%
輸入	3.7	15.8%	4.8	17.9%	6.7	21.0%	7.8	22.5%	3.2%
カナダ	3.6	15.4%	4.1	15.3%	5.1	16.0%	5.3	15.3%	1.6%
メキシコ	-0.1	—	-0.3	—	0.1	0.3%	0.3	0.9%	—
LNG	0.2	0.9%	1.0	3.7%	1.5	4.7%	2.1	6.1%	11.0%
合計	23.4	100%	26.8	100%	31.9	100%	34.6	100%	1.7%

(出所) EIA/AEO 2003より作成

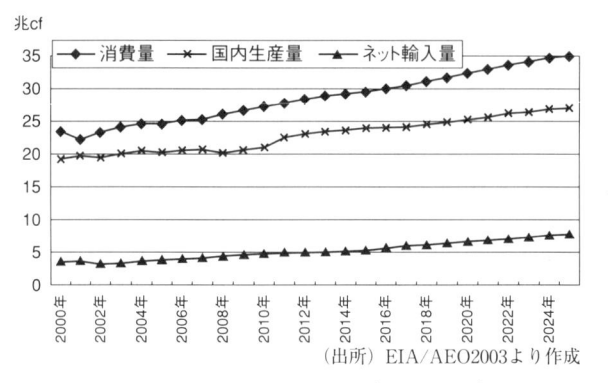

図3－6　長期需給見通し（AEO 2003）
（出所）EIA/AEO2003より作成

　天然ガスの需給ギャップを埋める輸入の見通しは，2001年の3.7兆cfから2025年の7.8兆cfまで，年率3.2％の伸びが予想されている。この4.1兆cfの輸入増は，マッケンジー・デルタなどカナダ北部からのパイプライン・プロジェクトの完成による供給の増加（1.7兆cf）と，LNG輸入の増加（2.0兆cf）によるものである。また，これまで輸出国であったメキシコは2020年以降輸入国に転じ，2025年には0.3兆cfの輸入が予想されている。
　今後の供給面の課題は，ロッキー山脈やメキシコ湾周辺等の新規鉱区の開発において環境への影響を最小化し，生産と輸送インフラの整備をどのように進めていくかという問題である。

(3) 価格見通し
　井戸元価格の見通しは，2000年と2001年が比較的高レベルな価格で推移したことから，2005年までは総じて下落するものの，その後徐々に上昇し，2025年には千cf当たり3.90ドルと，2001年実績（4.02ドル）に近づくと予想されている。しかしながら，設備償却や地域配給レベルの競争的市場の進展等によって，輸送および配給コストは縮小する傾向にあることから，末端価格と井戸元価格の差は，千cf当たり2001年の2.45ドルから2025年には1.78ドルに縮小す

第3章　アメリカの天然ガス産業　109

ると予想されている。

[出所]

IEA [1998] Natural Gas Pricing in Competitive Market.
EIA/DOE [2000] The Northeast Heating Fuel Market : Assessment and Options.
EIA/DOE [2001a] U. S. Natural Gas Markets : Mid-Term Prospects for Natural Gas Supply.
EIA/DOE [2001b] U. S. Natural Gas Markets : Recent Trends and Prospects for the Future.
EIA/DOE [2001c] Natural Gas Transportation-Infrastructure Issues and Operational Trends.
EIA/DOE [2001d] Natural Gas Storage in the United States in 2001.
EIA/DOE [2003a] Annual Energy Outlook 2003 with Projections to 2025.
EIA/DOE [2003b] Natural Gas Annual 2001.
EIA/DOE [2003c] Retail Unbundling-U. S. Summary.
P. W. MacAvoy [2000] The Natural Gas Market, Yale University Press.
http : //www.naturalgas.org/
日本エネルギー経済研究所 HP　研究リポートより
　国際動向 [2001/2]「アメリカ・エネルギー価格高騰の背景」.
　国際動向 [2001/6]「脚光 アメリカ向け LNG 開発」.
　国際動向 [2001/7]「アメリカの LNG 受入基地を廻る動向」.
　国際動向 [2002/9]「欧米ガス事業の自由化について」.
「米国天然ガス産業の変革および今後の展望について」[2001/9]『石油／天然ガスレビュー』, 石油公団.
『ダイヤモンド・ガスレポート』[2002] 第560, 561号.

第4章

ヨーロッパの天然ガス産業

岩場　新

第1節　ヨーロッパ天然ガス産業の発展

1．西ヨーロッパ

　ヨーロッパにおける天然ガス利用の歴史は1959年のオランダ，フローニンゲンガス田[1]の発見を契機としている。それ以前にも石炭や石油から製造されたガスがいくつかの国で利用されており，また，西ドイツ，フランスなどでは天然ガスの存在も知られていたが，その埋蔵量は少なく，ごく限られた地域で利用されるにとどまっていた（Mabro & Wybrew-Bond［1999］）。

　その後，フローニンゲンに続き，北海でも天然ガスが発見されていった。1964年にはアルジェリアからイギリスにLNGの輸出が行われている。

　フローニンゲンを有するオランダでは発見されたガス田に見合う国内需要がなかったため，当初から輸出が志向された。価格は競合燃料と考えられた石油と熱量等価で決められた[2]が，1960年代末以降，旧ソ連とノルウェーの天然ガスがヨーロッパに輸出されるようになると，それらとの競争を余儀なくされた。

　次にヨーロッパ天然ガス市場の発展を促したのは石油危機であった。1973年の第1次石油危機を契機として，中東に依存しないエネルギーとしての天然ガスの需要が増加した。また，供給ソースの多様化，需要の増大に伴ってパイプラインなどのインフラ整備も進められた。

　1979年には第2次石油危機が起こり，さらに天然ガスが注目されるようになった。オランダ，ノルウェーなどの輸出国は，エネルギーセキュリティー上の優位性を武器に天然ガスの値上げを志向するようになる。彼らは，天然ガスは埋蔵量の少ない「貴重な」資源であるという宣伝を行った[3]。

　東西冷戦の1980年代には，アメリカとソ連の関係がヨーロッパの天然ガス市場にも影響を及ぼすことになった。ソ連は，ヨーロッパへの天然ガス輸出を増大させようと考えていたが，アメリカはソ連産ガスへの依存度上昇による輸入

国への影響力増大を嫌って、これを阻止しようとした。

　このような情勢の中、ヨーロッパにおける天然ガス市場自由化の動きが起きる。まず、1979年に誕生したイギリスのサッチャー政権は、国営企業の民営化、競争原理の導入を進める中で、国内のガス輸送、配給、販売を独占していたブリティッシュ・ガス（British Gas）の民営化及び大口需要家に対する自由化を決定した。その後、民営化されたブリティッシュ・ガス plc の輸送部門（トランスコ）と販売部門（セントリカ）の分離、段階的な自由化範囲の拡大が行われ、1998年には家庭用を含む全ての需要家にまで拡大されて自由化が完了した。

　このように、イギリスは独自の動きを見せたが、EU 大としても1980年代後半に域内単一市場構想が打ち出され、1990年にガス価格透明化指令、翌1991年にはガス通過指令が採択された。その後、1996年から再びガス指令の議論がスタートした。1998年にはガス指令が成立し、同年8月に発効した。

　ガス指令の内容については後述するが、このガス指令に沿って EU でのガス市場自由化が進んできている。

　自由化の進展にあわせるように、天然ガスの需要も1990年代から急速に増大していく。1990年の OECD 加盟ヨーロッパ諸国の天然ガス消費量は約3,210億m^3であったが、2002年には約4,900億m^3と1.5倍以上となっている（表4－1）。その一番の要因は発電分野における需要の増大である。西ヨーロッパでは、発電と言えば石炭火力と原子力が主力であり、天然ガスは長い間発電用燃料としては認識されてこなかった。実際1975年に EC は天然ガスによる発電を抑制する指令を発しており、これは1990年に解除されるまで続いた。イギリスがその典型であるが、天然ガス産業の規制緩和と並行して（あるいは先立って）進められてきた EU における電力市場自由化の流れは、天然ガスを燃料とするコンバインド・サイクル・ガス・タービン（CCGT）の開発とも相まって、発電部門における天然ガス需要を増大させた。

　各国ごとにエネルギー政策は異なっており、フランスのように原子力が大宗を占める国もあるが、今後も発電部門における天然ガス需要は堅調に推移して

いくと思われる。また,天然ガスは他の化石燃料に比べて環境負荷が低いため,この面からも今後需要の増大が見込めるであろう。

1998年にはイギリスと大陸を結ぶインターコネクターが開通し,新たな取引形態も生まれている。一口にヨーロッパと言っても,国ごとに様々な事情を抱えており,EUが理想とするような単一市場の実現までは,まだ曲折が予想される。しかし,今後もヨーロッパの天然ガス市場が発展していくのは間違いないであろう。

2. ロシア・東ヨーロッパ

ロシアにおける天然ガス産業は,1946年のサラトフ(Saratov)とモスクワ間のパイプライン敷設に始まるとされるが,当初はあまり利用されず,本格的な利用開始は1960年代以降である。初期に発見されたガス田は西シベリアのウレンゴイ(Urengoy)やヤンブルク(Yamburg)などであり,1970年代にはヤマル半島の巨大なガス田が発見されている。現在でもロシア国内の埋蔵量の多くはシベリア・極東地域にある。

ガスの輸出は1946年にポーランド向けに始まったが,その量はごくわずかで,本格的な輸出の開始は1960年代後半のチェコスロバキア向けからである。同時にイランやアフガニスタンから輸入も行っており,1970年までは輸入が輸出を上回る状態であった。その後,輸出量は飛躍的に増大し,1980年には輸出576億m^3に対し輸入30億m^3,1990年代には輸出が1,000億m^3を超え,2002年の実績では1,900億m^3を輸出している(表4−2)。

輸出増大の背景は1973年の第1次石油ショックであった。ソ連は石油価格の高騰により大きな利益を上げたが,同時にバーター取引等でコメコン諸国に大量の石油を輸出していたことによる逸失利益を明らかにする結果となった。このため,ソ連はこれら諸国への石油輸出を抑制し,代わりに天然ガスを輸出することにした。1974年にはオレンブルクガス田からのパイプライン敷設が決定され,1980年代にかけて,輸出量は急激に増加する。その後80年代にはヤンブ

表4－1　OECD加盟ヨーロッパの天然ガス消費量

単位：10億 m³

	1971		1978		1990		1999		2000		2001		2002	
	消費量	構成比	消費量	構成比	消費量	構成比	消費量	構成比	消費量	構成比	消費量	構成比	消費量	構成比
ベルギー	5.7	4.7	10.0	4.0	9.7	3.0	15.6	3.4	15.7	3.3	15.5	3.2	15.3	3.1
フランス	12.2	10.0	24.4	9.7	28.2	8.8	39.2	8.5	40.2	8.5	42.0	8.6	44.7	9.1
ドイツ	24.8	20.4	64.4	25.5	69.7	21.7	89.2	19.3	90.5	19.0	94.3	19.2	90.7	18.5
イタリア	13.3	10.9	27.0	10.7	47.4	14.8	67.8	14.7	70.7	14.9	71.2	14.5	70.4	14.3
オランダ	28.1	23.1	46.4	18.4	43.5	13.6	48.3	10.5	48.9	10.3	49.7	10.1	50.0	10.2
スペイン	0.4	0.3	1.3	0.5	5.4	1.7	14.6	3.2	16.7	3.5	18.0	3.7	20.5	4.2
イギリス	19.6	16.1	44.3	17.5	58.3	18.2	98.0	21.3	102.0	21.5	101.0	20.6	99.7	20.3
その他	17.5	14.4	34.7	13.7	58.8	18.3	88.4	19.2	90.4	19.0	98.5	20.1	99.6	20.3
合計	121.6		252.5		321.0		461.1		475.1		490.2		490.9	

(出所) IEA Natural Gas Information 2003

表4－2　ロシアの天然ガス生産量と輸出量

単位：10億 m³

	1971	1973	1978	1998	1999	2000	2001	2002
生産量	216.9	241.2	380.0	590.7	590.8	582.7	574.0	595.0
輸出量	4.7	6.9	36.9	213.7	224.9	239.5	238.0	190.0

(出所) 表4－1に同じ

ルクガス田からも輸出パイプラインが敷設され，さらに輸出が増えることとなった（Mabro & Wybrew-Bond [1999]）。その後も輸出量は増大し，2002年にはロシアの全生産量の32％が輸出されている。

現在，ロシアの天然ガス市場で大きな役割を果たしている企業は，旧ソ連時代から続くガスプロム（Gazprom）である。ガスプロムは旧ソ連時代に石油ガス省から分かれたもので，ソ連の崩壊後，政府の株式が放出された。現在のガスプロムにおける政府の出資割合は35％である。

ロシア産ガスの輸出はガスプロムの子会社であるガスエクスポート（Gazexport）がほぼ独占しているが，生産についてはガスプロム以外によるものが増えてきており，近年はガスプロムの生産量が減少している一方，その他の生産者がこれを補完する形になっている。実際，1990年には6,400億 m^3 だった生産量は2000年に5,830億 m^3 にまで落ち込んでおり，ヤンブルクやウレンゴイといった大規模ガス田の生産量は今後も減少が見込まれている。これを補うため，バレンツ海やヤマル半島のガス田開発が計画されている（IEA [2003]）。

中東欧諸国はソ連産ガスに全面的に依存していたが，ソ連の崩壊はこの地域に大きな変化をもたらすことになった。ロシアからだけでなく，ノルウェーなどからもガスの輸入が始まり，供給ソースの多様化が図られていった。また，これら諸国では，外資の導入などによる天然ガス産業の再編も進んでおり，一部の国では将来の EU 加盟を見据えた自由化の動きもある。

3. 天然ガス需要の動向

IEA によると，2001年の OECD 加盟のヨーロッパ諸国の天然ガス需要は4,900億 m^3 であった。これが2010年には6,400億 m^3，2030年には9,010億 m^3 に増大し，平均の伸び率は2.1％と予測されている。同じ時期の全世界の需要は平均2.4％で伸びると予測されているので，世界平均に比べるとその伸び率は低いが，依然として天然ガスの大消費地域であることは間違いない。

近年のヨーロッパの1次エネルギー供給を見ると，天然ガスの割合が増え，

逆に石炭や石油の割合が減少していることが分かる。特に石炭の減少が大きく，これは環境負荷の大きい石炭から天然ガスへのシフトや国内炭保護政策の見直しによる域内からの供給の減少による。

近年のガス消費量の増大は発電用ガス需要の伸びに負うところが大きい（表4－3）。ヨーロッパの電力供給では，国による違いはあるものの，天然ガス発電の割合は相対的に小さかった。背景としては，イギリスやドイツのようにエネルギーセキュリティーや国内炭産業の保護の観点から天然ガスによる発電を抑えてきたことや，天然ガスが貴重な資源であると考えられてきたために，家庭用や産業用などの付加価値の高い需要家のものと考えられてきたことがある。また，フランスではよく知られているように，原子力発電を推進してきている。しかし，ヨーロッパのガス市場自由化の進展，競合燃料やガス間（Gas to Gas）の競争による価格の低下，地球温暖化等の環境問題への関心の高まりなどにより，天然ガス利用が広まっていった。なかでも，コンバインド・サイクル・ガス・タービンの開発によって，発電効率が飛躍的に向上して経済性が増し，イギリスなどではダッシュ・フォー・ガス（Dash for Gas）と呼ばれるような状況になっている。エネルギー政策は各国ごとに異なり一概には言えないが，ヨーロッパでは一部で脱原子力の動きもあり，この傾向は今後も当面は続くと思われる。

表4－3　発電部門における天然ガス消費量

単位：10億 m³

	1971	1973	1978	1997	1998	1999	2000	2001
ベルギー	1.7	2.7	1.9	2.7	3.6	4.2	3.7	3.4
フランス	1.9	2.5	1.7	0.8	0.8	1.2	1.9	3.0
ドイツ	6.7	12.9	20.4	16.4	17.4	17.8	15.6	18.3
イタリア	0.8	1.3	2.8	14.1	16.5	20.0	22.8	21.9
オランダ	8.5	13.1	12.0	14.3	14.6	14.8	14.6	15.6
スペイン	0.0	0.1	0.2	3.0	2.3	3.2	2.9	3.1
イギリス	0.8	1.1	1.2	22.8	23.7	28.1	28.6	30.2

（出所）表4－1に同じ

第2節　天然ガスの供給構造

1．供給ソース

　2002年にヨーロッパに輸入された天然ガスの輸出国は，ロシア41%，ノルウェー19%，オランダ13%，アルジェリア17%，イギリス4%などとなっている。ここではそれぞれの供給ソースについて紹介することとしたい（図4－1，4－2，4－3）。

(1)　域内

　ヨーロッパ域内では，最大の生産者であるイギリスをはじめ，ノルウェー，ドイツなどほとんどの国が天然ガスを生産している。逆に生産を行っていないのはフィンランドやスウェーデン，ポルトガルなど数カ国にすぎない。しかし，国ごとの生産量には大きなばらつきがあり，年間100億m^3以上の輸出を行っているのはノルウェー，オランダ，イギリスの3カ国のみである。しかもこの3カ国のうち，オランダとイギリスは同時に輸入もしている。

ノルウェー

　ヨーロッパ域内で最大の天然ガス輸出国はノルウェーである。2002年末の確認埋蔵量は2兆1,900億m^3で可採年数33.5年間である。ノルウェーの特徴は国内市場が小さいことで，生産量の大半が輸出されている。2001年の輸出量は約500億m^3で，ドイツ，フランス，オランダ，ベルギーなどヨーロッパの多くの国に輸出されている。

　ノルウェーのガス田は北海のノルウェー大陸棚で生産されており，代表的なガス田はトロール，エコフィスク，スレイプナー，フリッグなどである。これらガス田はパイプラインによりヨーロッパ大陸及びイギリスと結ばれている。

　ノルウェーのガスの生産・輸出は政府によるコントロールの下で行われてきた。全てのガス販売契約は国営のスタットオイル（Statoil）やノルスクハイド

120

ロシア 41%
ノルウェー 19%
オランダ 13%
アルジェリア 17%
イギリス 4%
ナイジェリア 2%
その他 4%

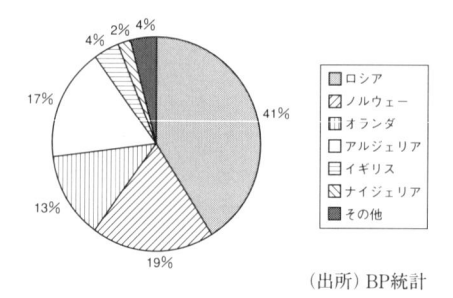

(出所) BP統計

図4−1　ヨーロッパへの天然ガス輸出

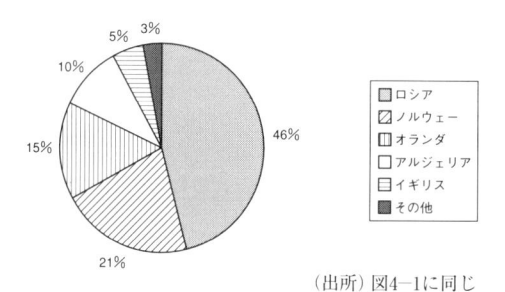

ロシア 46%
ノルウェー 21%
オランダ 15%
アルジェリア 10%
イギリス 5%
その他 3%

(出所) 図4−1に同じ

図4−2　ヨーロッパの供給ソース（パイプライン）

アルジェリア 67%
ナイジェリア 19%
その他 14%

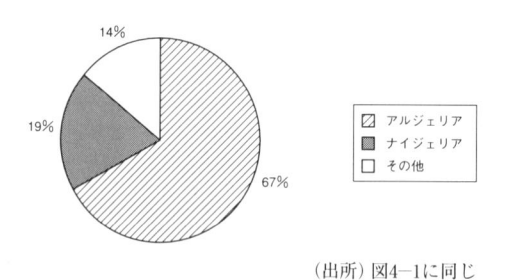

(出所) 図4−1に同じ

図4−3　ヨーロッパへの供給ソース（LNG）

ロ (Norsk Hydro) をはじめとするガス交渉委員会 (GFU) によって行われ，ガス田の開発や輸送はガス供給委員会 (GSC) や関係官庁の助言により政府が決定してきた。

しかし，EUガス指令とその後の自由化の流れの中で，こうした体制も変化してきている。GFUの廃止（第3節参照）やスタットオイルの一部民営化などがそれである。ノルウェー政府はスタットオイルの株式の18.1％を2001年に放出し，将来的には政府の保有割合は2/3となる見込みである。

ノルウェーの天然ガス生産にはまだ余力があり，トロールなどの大規模ガス田やパイプライン・インフラの整備を背景に，将来のヨーロッパ天然ガス需要の増大にも対応できると言われる。また，ノルウェーとして最初のLNGプロジェクトとなるスノービットプロジェクトも進んでおり，この点でも注目されている。今後，遠隔地からのガス輸入が増大すると見られているヨーロッパ市場において，有利な近距離ソースと言えるであろう。

オランダ

オランダはフローニンゲンという巨大ガス田を有し，長年にわたってヨーロッパ各国に安定的かつ柔軟に天然ガスを輸出してきた。2001年の輸出量は496億m^3でノルウェーに次ぐ量である。最大の輸出先はドイツで，2001年には17.4億m^3を輸出している。しかし，新たな巨大ガス田の発見は難しく，フローニンゲンなど既存ガス田の開発とともに海上の小規模ガス田の開発を進める一方，ノルウェーとイギリスから合計で100億m^3を超えるガスを輸入している。

フローニンゲンの開発は政府とシェル，エッソの出資により設立されたハスニー (Gasunie) によって行われてきた[4]。ハスニーは陸上の高圧パイプラインを全て所有・運用し，事実上，陸上の輸送部門を独占してきた。また，オランダで生産されたガスは全てハスニーを通じて販売されてきた。しかし，1990年代から徐々に競争が導入され，他企業による高圧パイプラインの建設や，ガス販売が行われるようになってきている。現在国内市場の60％の自由化が完了しており，2003年中に100％の自由化が予定されている。輸出についても，同様にハスニーが事実上独占してきたが，これについても1997年以降，フローニン

ゲン以外のガス田からの輸出について,新規参入者が現れている。

以前のオランダでは政府の規制の下,ハスニーに対し25年間分の埋蔵量を保有するよう義務づけていた。天然ガス輸出を長期にわたって安定的に行うため,長期的計画に基づいた輸出が行われていたのである。しかし,この政策もヨーロッパ天然ガス市場の自由化の進展とともに放棄され,現在ではハスニーに課されていた長期販売計画の作成は資源量に関する報告に変わっている。

イギリス

イギリスの年間生産量は約1,110億 m^3 (2001年)であるが,国内消費も1,010億 m^3 あり,ほとんどが国内消費に回っていることが分かる。また,北海の既存ガス田は,今後生産量の減少が予測されており,将来的にはイギリスの天然ガス輸入量は増大していくと考えられている[5]。1998年にはイギリスのバクトン(Bacton)とベルギーのジーブリュージュ(Zeebrugge)を結ぶインターコネクターが完成し,イギリスと大陸の市場がパイプラインでつながることとなった。現在のイギリス―大陸間の取引量はまだ大きくないが,将来的にはイギリスの輸入増加によって,インターコネクターを利用した取引が活発になっていくと思われる。

インターコネクターの完成により,物理的なガスの流れとともに,イギリスと大陸それぞれでの価格決定が相互に影響を及ぼすことになったことも重要である。

(2) ロシア

ロシアの確認埋蔵量は48兆 m^3 であり,世界の確認埋蔵量の3割強を占める。2001年の輸出量は1,808億 m^3 でドイツ,イタリアなどを中心に,ヨーロッパ向け最大の輸出国となっている。特に歴史的につながりの深い東欧諸国は総じてロシア産ガスへの依存度が高い。フィンランドは100%ロシア産ガスに依存している。

ロシア産ガスは主に西シベリアの大規模ガス田からパイプラインでヨーロッパに送られている。これらパイプラインの多くはウクライナを経由している。

旧ソ連時代にはこのことが問題となることはなかったが，ソ連崩壊後はロシアがウクライナに支払う通過料金やウクライナによるガスの不正な抜き取りがしばしば両国間の問題となった。このため，ガスプロムはウクライナを通過しないパイプライン建設計画を進めているが，いずれにしても，今後しばらくは大部分のガスがウクライナを通過することになる[6]。

ロシアのガス生産，輸出は堅調に伸びていくと予想されているが，西シベリアのガス田の枯渇に伴い，極東やヤマル半島などの開発条件が厳しく輸送距離の長い地域での生産を行っていく必要がある。当然これら新規ガス田開発には多額の投資を必要とするが，輸出先であるヨーロッパ市場の自由化が進展するに伴い，ガス対ガスの競争激化による価格低下圧力が強まることも予想される。

また，今後はアジア向けの輸出が増加すると見られており，中国，韓国へのパイプラインによる輸出が計画されている。日本に対してもサハリン産ガスをLNG及びパイプラインで輸出する計画があり，LNGについてはすでに複数の需要家が購入を発表している。

(3) アフリカ

アフリカからヨーロッパへの輸出国はアルジェリア，ナイジェリア，リビアである。このうちアルジェリアの輸出量が最も大きく，パイプラインとLNG合わせて約555億m^3の天然ガスをヨーロッパに輸出している。ナイジェリアはLNGのみでイタリアとスペインを中心に約76億m^3を輸出している。リビアは2002年時点でスペインのみにLNGを輸出している。

アルジェリア産ガスの輸出は国営のソナトラック（Sonatrach）により行われており，輸出量は2002年でパイプライン約300億m^3，LNG約260億m^3である。パイプラインはモロッコ経由でスペインとポルトガルに送るものと，チュニジアを経由してイタリアへ送る2系統がある。スロベニアへも少量であるが輸出が行われている。また，国内の2カ所のLNG基地からフランス，ベルギー，スペイン，トルコ，アメリカなどに輸出されている。ちなみに，世界初のLNG

プラントは1964年にアルジェリアで建設され，イギリスに輸出された。

2．ヨーロッパにおけるLNG

　日本の場合，輸入される天然ガスは全てLNGの形態で取引されているが，ヨーロッパではパイプラインによる取引が大宗を占める。EU加盟国の内，LNGを輸入しているのはフランス，スペイン，イタリア，ベルギー，ギリシャ，ポルトガルの6カ国であるが，唯一スペインだけが輸入の過半をLNGで行っている。フランスは量では最も多いが，輸入に占める割合では約1/4である。

　LNGの供給国は前節でも見たとおり，アルジェリア，ナイジェリア，リビアなどである。このほか，オマーンやアラブ首長国連邦，カタルなどの中東諸国や，トリニダード・トバゴからスポットでの輸入が行われている。現在，LNGの受け入れターミナルは上記の輸入国を中心に9カ所が稼働中で，さらにいくつかが建設中または計画中である。

　ヨーロッパにおけるLNGの役割は相対的に小さかったと言うことができるが，今後その重要性が増していく可能性がある。ヨーロッパの天然ガス需要は今後も堅調に伸びていくことが予想されているが，その供給ソースの1つとしてLNGに対する期待は大きい。ノルウェーとロシアが潜在的に大きな供給力を持つことは間違いないが，ロシアの既存ガス田は生産量が減少傾向にあり，新規ガス田の開発がスムーズに進むかどうかが重要になる。自由化の進展に伴って，テイク・オア・ペイ（Take or Pay）付きの長期契約が締結しづらい状況になっており，また，ロシアの新規ガス田はヨーロッパの市場からは遠いところに移行していく。供給先の分散の観点からもLNGは有力な選択肢となりうる。近年技術革新によりLNGプラントやLNG船の価格は低下してきており，価格競争力の点からもLNGの取引が増加していくものと見られている。

3. 価格決定のメカニズム

ヨーロッパでは，テイク・オア・ペイ条項付きの長期契約により天然ガスが輸入されてきた。現在でも大陸諸国ではこの取引形態が一般的であり，自由化の進展によりスポット市場が発達してきているイギリスとは価格決定において異なるメカニズムを持っている。ここでは，大陸での天然ガス価格決定メカニズムとイギリスでのそれを分けて見ていく。

(1) 大陸諸国の価格決定

大陸諸国の天然ガス取引は現在も長期のテイク・オア・ペイ条項付きの契約が一般的である。スポット取引もわずかではあるが始まっており，インターコネクターの開通によって今後さらに増えることも予想されるが，大規模なものへ成長していくにはまだ時間が必要であろう。

ヨーロッパ天然ガス市場の売り手は，すでに見たようにロシアのガスプロムやオランダのハスニー，ノルウェーのスタットオイルあるいはアルジェリアのソナトラックといった巨大な供給事業者である。一方の買い手もフランスのガス・ド・フランス（国営ガス公社，Gas de France）やドイツのルアガス（Ruhrgas）などの巨大公益企業が多い。彼らは独占的な地位を保ってきた企業であるため，自由化の進展やスポット市場の発展には概して否定的である。

価格は通常，石油価格（軽油及び重油）に連動して決定される。一部では石炭や電力価格にリンクしているものもある。つまり，ガス価格はガス対ガスの競争によるというよりは，競合燃料に対する関係で決定されるのが一般的である。今後ガス対ガスの競争が進展していくためには，次のいくつかの点が重要だと指摘されている。

① 大陸のガス供給ネットワークの整備と統合の促進
② スポット市場へのより多くのプレーヤーの参加
③ 大企業のスポット市場への参入

①については，現在スペインやポルトガル，ギリシャなどが他の市場から孤

立している。これら市場と他の市場が物理的に連結されるとともに、フランスなどの大規模市場においてTPAが改善される必要がある。②及び③については、天然ガスに限らず、スポット市場の発達に必要な条件であるが、天然ガスについては上記の通りスポット市場に否定的な巨大公益企業が大きな力を持っており、これら企業の動向が大きな影響を与えると思われる。

(2) イギリスの価格決定

イギリスにおいても、自由化が進展する以前の契約は大陸諸国と同様の長期契約であった。ブリティッシュ・ガスが独占的な買い手であったためである。初期の契約においては、契約期間はガス田の枯渇を基準としており、価格はビーチ価格（沿岸ターミナル渡しの価格）で、基準価格に卸売物価指数などの指標を使って毎年段階的引き上げが行われた。

その後、天然ガス市場に競争が導入されると、契約形態も大きく変わっていった。供給ソースの多様化とともに枯渇型の契約は少なくなり、価格の指標も電力プール価格などが用いられるようになった。その他、ガスのスポット価格や先物価格も用いられている。また、それまでは基準価格から毎年無条件に引き上げが行われていたが、現在の契約では価格再交渉の条項が規定されるようになっている。契約期間についても短期化の方向に向かっている。

イギリスはヨーロッパで最もスポット取引が発達している市場である。すでに国内のガス取引の1/4はスポット市場を経由している。イギリスでは大陸に比べて備蓄能力が不足していることから、需給バランスを保つことが重要である。これがIPE (International Petroleum Exchange) などでの取引の他に、相対の店頭取引を発達させた。スワップなどの派生商品やガスと電力などの価格スプレッドの投機的取引なども行われている。これらの発達とともに、市場には投機を目的とした参加者も参入しており、取引の流動性が増している。

第3節　規制緩和の動向

　現在，ヨーロッパ天然ガス産業の規制緩和は1998年8月に発効したEUガス指令に基づき進められている。本節ではまず，EUガス指令発効までの経緯とその後の状況を概観した後，主要国の規制緩和の現状を紹介し，最後に今後のヨーロッパ天然ガス市場の見通しについて述べる。

1. EUガス指令

⑴　EUガス指令発効までの経緯

　EUは1987年に域内単一市場構想を打ち出し，モノ，サービスについて域内の障壁撤廃を目指した。翌年には「域内エネルギー市場に関するレポート」を発表している。

　1990年にはガス料金の透明性向上のための手順に関するガス価格透明化指令，1991年にはパイプラインネットワークのガス通過に関する非差別的，公平な条件の提供に関するガス通過指令が発効している。

　その後，EUでは電力部門に限定した議論が行われたため，ガス指令に関する議論が再スタートしたのは1996年からである。再開したEUガス指令に関する第1回EUエネルギー大臣ワーキング・グループでは，自由化範囲や公共サービスの義務，テイク・オア・ペイ契約の取り扱い，会計分離などが議論され，天然ガス事業に公共サービスの義務を課すこと，及び一定の区分経理の必要性が合意された。

　翌年には，前年合意に至らなかった自由化範囲やテイク・オア・ペイの取り扱いの他，託送制度についても議論が行われ，1997年末のEU閣僚理事会で加盟国の全会一致で合意された。翌1998年6月のEU委員会でガス指令は採択され，8月に正式に発効した。

(2) EUガス指令の概要

EUガス指令では,自由化範囲の段階的拡大,パイプライン等供給インフラへのTPAの確立,輸送・配給・貯蔵・販売の各部門間の会計分離と情報遮断,適用免除規定などが定められている[7]。以下,自由化範囲の拡大やTPA制度の導入など,主要な事項について詳しく見ていきたい。

自由化範囲の拡大

EUガス指令ではTPA制度を利用できる需要家を「適格需要家」(Eligible Customer) として定義している。この適格需要家範囲の拡大がつまり自由化範囲の拡大ということになる。2000年8月時点の適格需要家は,①天然ガス火力発電事業者(年間消費量にかかわらず),②コジェネ事業者(上限値設定可能),③年間消費量2,500万m^3以上の最終需要家とされ,指令発効後5年後(2003年)と10年後(2008年)の2段階で最終需要家の範囲が拡大されることになっている(2003年に年間消費量1,500万m^3以上,2008年に年間消費量500万m^3以上)。

なお,EUガス指令で定められた自由化範囲は最低値であり,加盟国はこれ以上であれば自由に定めることができるとされており,実際各国ごとの対応はかなり異なったものとなっている(表4－4)。

TPA制度の導入

正確にはEUガス指令ではTPA (Third Party Access) という言葉は使われておらず,「システムへのアクセス」(Access to System) として規定されている。アクセスの対象となるシステムは,輸送ネットワークやLNG設備など,上流部門の生産設備以外の天然ガス事業者の設備である。

加盟国は規制ベースのアクセス(Regulated-TPA,以下RTPA)と交渉ベースのアクセス(Negotiated-TPA,以下NTPA)のどちらか,あるいは両方を選択することができる。RTPAとは,料金その他の契約条件やシステム使用に当たっての義務をあらかじめ公表し,天然ガス事業者や需要家がその条件の下でシステム利用ができるようにするものである。イギリス,スペイン,イタリアなど

表4－4　EUガス指令への各国の対応状況

国　名	自由化割合	適格需要家（年間使用量）	100%自由化期限	輸送のアンバンドリング	TPA
オーストリア	100%	－	2002年（済）	法的	RTPA
ベルギー	59%	500万 m³	2003～2006年	法的	RTPA
デンマーク	35%	3,500万 m³	2004年	法的	RTPA
フランス	20%	2,500万 m³	－	会計	NTPA
ドイツ	100%	－	2000年（済）	会計	NTPA
アイルランド	82%	200万 m³	2005年	経営	RTPA
イタリア	96%	20万 m³	2003年	法的	RTPA
ルクセンブルグ	72%	1,500万 m³	－	会計	RTPA
オランダ	60%	100万 m³	2003年	経営	Hybrid
スペイン	79%	100万 m³	2003年	所有	RTPA
スウェーデン	47%	3,500万 m³	2006年	会計	RTPA
イギリス	100%	－	1998年（済）	所有	RTPA

（出所）2002年10月　欧州委員会ワーキングペーパー
注）フィンランド，ギリシャ，ポルトガルは新興市場のため適用免除。

多くの国がこのRTPAを採用している。一方NTPAはドイツで採用されており，料金や契約条件は当事者間のコマーシャルベースの交渉によって決定される。但し，天然ガス事業者は一般的な契約条件を公表する必要がある。

TPA拒否要件

EUガス指令では，TPA拒否要件について17条で規定している。それによると，天然ガス事業者がTPAを拒否できるのは，①設備の容量不足，②天然ガス事業者に課されている公共サービスの義務が履行できなくなる場合，③テイク・オア・ペイ契約の履行が経済的，財政的に困難になる場合，の3つの場合である。

このうち，①について加盟国は，設備増強が経済的である場合または潜在需要家に設備増強に対する投資の意思がある場合は，必要な設備増強がなされる

ような措置をとるべきとされている。

②にある公共サービスの義務とは，「供給保障，安定供給，供給の質，供給料金等の安全，環境保護」である。

③のテイク・オア・ペイ契約とは，巨額の資金を必要とする天然ガスプロジェクトを成立させるために，売り手と買い手が引取量を取り決め，買い手が決められた量を引き取れない場合にも不足分の料金を支払うという一種の引取保証である。通常は20年から30年の長期契約が一般的となっている。EUガス指令では，第25条でテイク・オア・ペイ契約について定められている。天然ガス事業者がテイク・オア・ペイ契約を理由としてTPAを拒否するためには，加盟国または規制当局により例外的免除措置を受けている必要がある。

部門別会計分離

会計の部門別分離（Unbundling）については，第5章で定められており，垂直統合された天然ガス事業者は，天然ガスの輸送・配給・貯蔵について，これらの事業が別々に行われていたならば必要とされるであろうように，会計を分離することが求められている。この理由は，差別的取り扱い，内部補助，競争のゆがみを避けるためとされている。

適用免除規定

第26条において，以下のいずれかに該当する加盟国について，本指令の一部適用の免除が認められている[8]。

① 当該加盟国への供給量のうち，75％以上を単一の供給者に依存している場合。
② 新興市場の場合（長期天然ガス供給契約による商業的供給が開始されてから10年未満の場合）。
③ 輸送インフラが未整備の地域への投資促進に悪影響を及ぼす場合。

これら3点に該当する加盟国は第4条（天然ガス供給設備の建設・操業の許可基準の制定），第18条（自由化範囲の段階的拡大），第20条（専用パイプラインの建

設）について適用が免除される。

2．EU ガス指令後の動向

　前項で述べたEU ガス指令は2000年 8 月に発効したが，各国ごとに取り組みの状況は異なっている。イギリスやドイツのようにすでに100％自由化済みの国もあれば，フランスのように法制化の遅れが各国の非難の的となってきた国もある。

　そこで，自由化の速度を速めようとする試みも行われてきた。2001年の欧州委員会では電力とガスの自由化促進のための新たな指令が提案されている。2002年11月には閣僚会議において，新たな指令の内容が基本的に合意されており，それによると，2004年 7 月 1 日までに家庭用を除く需要家が自由化され，2007年 7 月 1 日には家庭用を含めた全ての需要家が自由化されることになっている。この新たな指令は2003年の欧州議会で可決される見通しとなっている。

　また，1998年のガス指令においては，もっぱらTPAなど域内のルールに焦点が当てられ，テイク・オア・ペイなど一部を除いては自由化がガス供給契約に与える影響など，ガス輸出国との関係についてはあまり議論されなかった。しかし，その後，ガス供給契約のあり方について EUと輸出国の間でいくつかの論争が行われている。それは，長期契約や共同販売協定，目的地条項などに関するものである。

(1) 長期契約

　エクソン・モービルの合併を契機として，EU の Directorate General for Competition は長期契約に反対ととられるような態度を表明した。長期契約はとりわけ供給者が市場に影響力を持っている場合に，自由競争のルールを侵し，消費者の自由な選択の障害となると言うわけである。

　これに対し，ガスプロムなど供給者側は強く反論した。すなわち，長期契約がヨーロッパへの安定的な天然ガス供給に大きな役割を果たしたこと，長期契

約が廃止されれば巨額の投資を必要とする天然ガスプロジェクトの資金調達ができなくなること，などである。また，ガスプロムはEUガス指令そのものについても，ガス供給業者の利害を無視していること，長期契約を崩壊させるおそれがあること，ガス市場を守る意思の乏しい業者が新規参入することなどを理由に，強く非難している。

ロシアなどとの対話を通じて，EUの長期契約に対する姿勢は変化してきている。2002年8月のガス安全保障指令草案では，長期契約が域内の安定供給や新規天然ガスプロジェクトの資金調達のために必要であることを認め，長期契約の存在それ自体が競争を制限するものではないと結論づけている。

(2) 共同販売協定

共同販売協定とは，ガス販売に関して，ある生産または輸出企業が他の多くの企業の代表となる取り決めで，この場合，他の企業が取り決めよりも安い価格でガスを販売したり，独自に最終消費者に販売したりすることはできない。

ノルウェーでは，約20年にわたってノルウェー・ガス交渉委員会（GFU）がヨーロッパの輸入者との交渉を行ってきたが，これがEC条約及び欧州経済領域（EEA）協定に反するとして，2001年にEUはスタットオイルとノルスクハイドロの2社に対し，警告を発した。ノルウェー政府は当初これに反論を試みたが，結局は2002年1月にGFUを廃止することを発表した。また，輸入者側の共同購入協定についても，ルアガス，ガス・ド・フランス，ディストリガスによるノルウェーとの共同交渉を廃止させている。

(3) 目的地条項

目的地条項は，買い手側が購入したガスを国外に転売することを禁じ，また，発電所など国内の新規需要家に転売することを禁止する条項である。この問題については，ノルウェーの輸出企業との間では目的地に制限を行わないことに合意した。ガスプロムのイタリア向け契約についても解決したとされているが，詳細は明らかではない。一方で，ガスプロムのその他の契約，及びアル

ジェリアの契約については進展しておらず,輸出国とEUとの大きな未解決の問題となっている。

3．各国の規制緩和動向

次に,各国の規制緩和の状況について見ていくことにしたい。

(1) イギリス

　イギリスの天然ガス需要量は約1,020億 m^3（2000年）で,ヨーロッパ最大の天然ガス消費国である。1次エネルギー供給に占める天然ガスの割合は38％程度で最大となっており,石油に並ぶ基幹エネルギーと言うことができる。この背景として,言うまでもなく北海の石油・天然ガス資源があるわけだが,特に天然ガス消費量の増大はめざましいものがある。近年の天然ガス消費量の伸びを見ても,1997年に890億 m^3 だった消費量が2000年には1,000億 m^3 を超えており,急激に消費量が増えていることが分かる。

　一方生産についても増大してきており,2000年の生産量は約1,150億 m^3 である。従って,国内消費を全てまかなえる計算になるが,ごく少量はノルウェーから輸入も行っている。2000年の輸出量は約130億 m^3 で輸出先はアイルランド,オランダ,ベルギーなどである。

　目的別の消費割合を見ると,家庭用その他が44％程度で最大となっており,次いで発電部門が約25％,産業用が約19％となっている。発電部門の割合は1990年代初めにはわずか数％だったことから,この10年あまりの間に急速にシェアを拡大してきたことが分かる。背景としては,従来禁じられてきた発電部門における天然ガスの利用が解禁され,これがCCGTの開発や環境問題への対応などから"Dash for Gas"と呼ばれるような状況を作り出したためである。

　イギリスはヨーロッパで最も早く天然ガス市場の自由化を推進した国である。その試みは後のヨーロッパの天然ガス市場自由化にも大きな影響を与え

た。

　1979年に誕生したサッチャー政権は，国営企業の民営化や競争原理の導入により，停滞していた経済に活力を与えようとした。天然ガス市場についても例外ではなく，競争を促すための各種政策がとられ，ついに1998年に家庭用を含む全ての需要家について自由化が完成した。この間約16年をかけて自由化が行われたわけであるが，これを大きく4つの段階に分けることができる。

第1段階（1982年〜88年）

　1982年制定の石油・ガス法により託送制度が導入され，また年間使用料200万サーム（458万 m³）以上の需要家について，届出のみで供給が可能となった。さらに1986年のガス法により，ブリティッシュ・ガスの民営化と年間使用料25,000サーム以上の需要家に対する自由化が決定された。しかし，これら競争を導入する立法や規制機関（Ofgas）の設置にもかかわらず新規参入の動きは少なく，ブリティッシュ・ガスの独占的な状態は変わらなかった。

第2段階（1988年〜94年）

　ガス市場に新規参入を促す各種施策など，政府や規制当局によって積極的に競争促進が図られた。ブリティッシュ・ガスには以下が課せられた。

　　　・産業用ガス価格の予定の公表
　　　・長期契約で購入したガスの新規参入者への開放
　　　・住宅用と小規模商業用のみをブリティッシュ・ガスの独占とし，残りの競争市場のうちブリティッシュ・ガスのシェアを55％に抑える。

　また，この時期ブリティッシュ・ガスは内部会計の分離も実施している。

第3段階（1994年〜97年）

　各種政策により競争が定着し，ブリティッシュ・ガスの大口市場におけるシェアは1997年に35％まで急落した。ガス供給増により価格も下落したが，ブリティッシュ・ガスは高価格の長期契約により深刻な財政問題に直面することとなった。また，1995年のガス法改正により，ガス輸送業者と販売など他の天然ガス事業との兼業が禁じられたことから，ブリティッシュ・ガスは1997年にセントリカとブリティッシュ・ガス plc に分割された。

第4段階（1996年～98年）

　第4段階は家庭用市場に競争が導入されていった時期である。1996年4月にイングランド南西部で住宅用市場の一部が試験的に開放され，以降順次拡大されて1998年には全ての家庭用市場が開放されて完了した。

　その後，1999年にはガス市場の規制を行っていたOfgasと電力市場の規制機関であったOfferが合併してOfgemが創設され，ブリティッシュ・ガスplcはさらに輸送を行うトランスコとそれ以外の事業に分割されている。

　以上がイギリスの天然ガス市場自由化の大まかな流れであるが，次に，現在の状況について見てみたい。

　まず，TPAについては，現在イギリスではRTPAが採用されており，対象となる設備は輸送・配給パイプライン，貯蔵設備の全てである。現状ではトランスコがほぼ独占的に輸送を行っている。また，アンバンドリングについては，所有権の分割によるアンバンドリング（Ownership Unbundling）が採用されている。

　次に新規参入者の状況を見ると，現在100近いガス供給業者が小売市場に参入している。2001年の時点で約37％の需要家が供給事業者の変更を行っており，自由化の影響が着実に現れている。マーケット全体における新規参入者シェアは約33％で，すでに1/3に達している。大口需要家だけに限ればセントリカのシェアはすでに約3割となっており，自由化が早くから進んだ部門において新規参入者が活発に活動してきたことが分かる。

　価格についても，Ofgemのレポートによると自由化開始後ガス価格は18％低下したという。一方で，ガスの卸売価格は過去2年で2倍となっている。この要因について，Ofgemはイギリスの天然ガスがインターコネクターを通して大陸に輸出されたことをあげている。まだ自由化が不十分であり，天然ガス価格が石油価格にリンクした高いものとなっている大陸の市場とつながったことにより，その影響を受けているというわけである。実際には他にもいろいろな要因が考えられるだろうが，イギリスと大陸の市場がつながって，今後お互いに様々な影響を及ぼし合うことは間違いないだろう。

(2) ドイツ

ドイツの2001年における天然ガス消費量は約940億 m^3 で,ヨーロッパではイギリスに次ぐ消費国である。1次エネルギー供給に占める天然ガスの割合は約22％となっている。その他の燃料では石油39％,石炭25％等となっている。近年の需要の伸びは他のヨーロッパ諸国と比較すると比較的緩やかである。これは,日本と同様に輸入エネルギーへの依存度の大きいドイツではセキュリティーの観点が重視され,エネルギーの多様化・供給源の多様化が志向されてきたためである。消費割合では電力部門が約20％と,他のヨーロッパ諸国よりも低いのも特徴となっている。

ドイツでは,イギリスなどで猛烈な勢いで増加してきたCCGTによる発電の伸びが低く,これまでに数基が建設されているほか,計画中のものもわずかである。

2000年における供給ソースは国内生産約22億 m^3,輸入約76億 m^3 となっており,輸入の内訳はロシア45％,ノルウェー27％,オランダ22％,その他5％となっている。

また,ドイツはヨーロッパの中心にあることから,天然ガスの通過国としても重要であり,国内消費量の1/3程度の量がドイツを通過して他の国々に供給されている（IEA［2002a］）。

ドイツは1998年に家庭用を含めた全ての小売り分野で自由化を実施済みであり,その意味では自由化の優等生である。しかし,実際にガス供給事業者を変更した需要家は数％である。大口需要家などは既存契約の供給事業者との交渉により自由化前よりも有利な条件を勝ち取っているとされるが,実質的にはドイツのガス事業自由化はまだ道半ばである。

制度上は100％の小売り自由化が達成されているにもかかわらず,供給業者の変更がまだ少ないことの理由として,いくつかの要因が指摘されている。

① ガス生産者との契約がテイク・オア・ペイ付きの長期契約となっているため。これら契約の多くは2010年代から2020年代までである。

② パイプラインやガス貯蔵設備への第三者アクセスの制度が複雑であ

り，かつアクセス料金が高い。ドイツで採用されているのは交渉によるTPAであり，透明性に欠けていると言われる。
③　ガス産業を規制する主体の不在。現在ガス産業の規制を行う独立の規制機関はなく，連邦カルテル庁及び各州政府の競争政策を扱う機関が一般的な競争政策の一部としてガス産業の規制を行っている。

これらの要因に共通するものとして，ドイツのガス産業の構造がある。すなわち，ドイツでは16の国内ガス生産業者，少数の長距離パイプライン事業者（14社，うちルアガスなど6社は輸入も行っている），地域にまたがった（supra-regional）供給事業者（15社），と各地域に細分化された地域配給会社（約700社）があり，非常に複雑な産業構造を持っている。このため，RTPAを導入することはかえって複雑になると考えられ，NTPAが選択された。しかし，結局は相対取引による手続きの複雑化，長期化を生む結果となっており，また，小規模需要家にとっては交渉コストという形での負担となっている。

ドイツのガス市場自由化は制度上改善すべき点があるというのが大方の市場参加者の見方である。TPAの料金はガスユーザーとガス会社の間で合意されたAssociation Agreementの枠組みの中でコマーシャルベースで決められており，実際このAssociation Agreementも数次の改正が加えられてきている。

ドイツでパイプライン間の競争が始まったのは，1993年にヴィンターシャル（Wintershall）とガスプロムの合弁により設立されたウィンガス（Wingas）がパイプラインを建設してからである。これは，大きな市場支配力を持っていたルアガスに対する挑戦であった。現在では，ウィンガスは1,800km以上の高圧パイプラインとドイツの約1/4に当たる天然ガス貯蔵能力を有し，マーケットシェアは13％に達している。また，現在では既存パイプラインに並行するパイプラインが多数建設されるようになり，パイプライン間の競争が起きている。

TPA制度の整備や自由化範囲の拡大に伴い，新たな市場参加者も現れている。現在，ドイツでは11のガストレーダーが活動しており，徐々に顧客を獲得してきている。

価格については、直接の政府の規制はなく、連邦カルテル庁などが事後的なチェックを行っている。ガス会社が生産者や輸入者に支払う価格は、主に競合燃料である石油（重油）にリンクしたものとなっている。ガス会社と大口需要家間の価格も同様である。一方で家庭用など小口需要家向けにはこのような自動的な調整はない。また、新たな動きとして固定価格での契約や、石炭など石油以外の燃料にリンクした契約も現れてきている。

今後、ドイツでの天然ガスの位置づけは必ずしも明確ではない。ドイツは現在、脱原子力へ向けた政策を取っており、今後エネルギー供給に占める原子力の割合は減少していくことが予想される。原子力発電はドイツの電力供給の約30％を占めており、これをどうやって代替していくかが課題である。環境への意識が高く、風力など再生可能エネルギーの導入に積極的なドイツだが、おそらくそれだけではまかないきれないと思われる。その点で天然ガスが伸びていく可能性はあるが、ドイツのエネルギー政策は供給源多様化を基本としており、ロシア、ノルウェー、オランダに天然ガスの大部分を依存していること、CCGT の導入もあまり進んでいないことからすると、天然ガス発電をどこまで増やそうとするかは不透明である。

(3) その他の国

EU 加盟15カ国のうち、猶予措置を受けているフィンランド、ギリシャ、ポルトガルを除く12カ国の EU ガス指令への対応状況は表4－4の通りとなっている。100％の自由化を達成しているのはオーストリア、ドイツ、イギリスの3カ国で、フランスとルクセンブルグを除く他の国も2006年までの完全自由化を掲げている。

同じ EU ガス指令への対応といっても各国ごとにこれだけの違いがあり、域内単一市場の実現は容易でないことが分かる。特にフランスの自由化に対する否定的な態度は問題となっている。しかし、天然ガス市場自由化の流れは止められるものではない。2002年に合意された新たな指令が正式に発効し、2007年の完全自由化という新たな期限がもうけられれば、ヨーロッパ天然ガス市場は

新たな段階へ向けて動き出すことになるだろう。

(4) ヨーロッパ市場の今後

IEA の World Energy Outlook 2002では，EU の１次エネルギー需要は2000年の14億5,600万トン（石油換算）から2030年には18億1,100万トンへと年率0.7％の割合で増加すると予測されている。内訳を見ると，石炭，石油，原子力の割合が低下する一方，天然ガスの割合は2000年の23％から2030年には34％まで上昇し，なかでも発電に占める割合は2000年の15％から2030年には41％になると予測されている。

こうした需要の増大に対し，域内の供給だけではまかないきれず，今後もノルウェー，ロシア，アルジェリアといったこれまで大量のガスをヨーロッパに供給してきた国々に加え，中東など新しいソースからの輸入も増えていくと思われる。また，パイプラインによる供給に加えて，近年コストダウンの進んでいるLNGの取引も活発になっていくことが予想されている。

量の上からはヨーロッパに供給可能なガスは存在すると思われるが，課題もある。北海のガス田は早くから開発が行われ，今後生産量の減少が見込まれる。ロシアも今後開発される大規模ガス田は採掘条件の厳しいヤマル半島やシベリアなどである。これらの開発に必要な資金が円滑に調達できるかどうかが重要となるが，市場自由化が進んでいく中で，これら大規模プロジェクトを可能とするような長期契約が締結されるかどうかは不透明である。今後，EU拡大などを経てヨーロッパ天然ガス市場の自由化がさらに進み，また需要が増加していくのは疑いないとしても，エネルギー安全保障やLNGの位置づけを含めて，どのように安定的な天然ガス調達を図っていくかが重要な問題となっていくであろう。

[注]

1) フローニンゲンのガスは窒素分を含み，他のガス田のものに比べて熱量が低い。このため，ヨーロッパでは高発熱量と低発熱量の2種類のガスが取引されており，輸送・配給のパイプライン網も別々に建設されている。
2) 1960年代の原油価格は約2ドル／バレルであった。
3) 実際，オランダの埋蔵量は後に判明したよりもずっと少ないと考えられていた。
4) ハスニーの出資割合はオランダ政府10%，EBN（政府の100%出資）40%，シェル エッソが各25%。
5) イギリスは2005年に天然ガスの純輸入国になるとの予測もある。
6) 最近では，2002年末に黒海を経由するブルーストリーム・パイプラインが完成し，トルコ向けに輸出が開始されている。
7) 現在適用免除措置を受けているのは，フィンランド，ギリシャ，ポルトガルの3カ国である。
8) EUガス指令は「天然ガスの輸送・配給・供給及び貯蔵に関する共通規則」を定め，「LNGを含めた天然ガス分野の組織形態及び機能，市場へのアクセス，システムの操業並びに天然ガスの輸送・配給・供給及び貯蔵に関して適用される判定基準及び措置」を規定するとしている。ここから分かるように，EUガス指令では天然ガス生産については適用範囲から除外されていることには注意が必要である。

[参考文献]

IEA [1998] Natural Gas Pricing in Competitive Markets.
IEA [2000] Energy Policies of IEA Countries, Netherlands 2000 Review.
IEA [2001] Energy Policies of IEA Countries, Norway 2001 Review.
IEA [2002a] Energy Policies of IEA Countries, Germany 2002 Review.
IEA [2002b] Energy Policies of IEA Countries, United Kingdom 2002 Review.
IEA [2002c] World Energy Outlook 2002.

IEA [2003] Natural Gas Information.

Knight S. [1999] "Natural Gas in Germany", Financial Times Energy.

Mabro R. & Wybrew-Bond I. [1999] "Gas to Europe, The Strategies of Four Major Suppliers", Oxford University Press.

Stern J. P. [1998] "Competition and Liberalization in European Gas Markets, a Diversity Models", Royal Institute of International Affairs.

第5章

日本の天然ガス産業

五明亮輔

第1節 日本における天然ガス利用の発展

1. 天然ガス利用の歴史

 日本における天然ガスの歴史は比較的古く,時は江戸時代,場所は越後の国(現在の新潟県)に遡り,その利用の記述を認めることが出来る。越後では地面から噴き出す天然ガスを「風草生水(かぜくそうず)」と呼び,煮炊きのための原料として使用し,生活に役立てていたという[1]。なおこれが記述に残っている日本における初めての天然ガスの利用と考えられているが,新潟県以外でも長野県の諏訪湖などの一部地域でも,天然ガスを利用したとの記述が残されている。
 しかしこれらは天然ガスの産地近隣における局地的な利用の域を出るものではなかった。天然ガスが日本の基幹エネルギーの1つとしてその地位を確立するのはもう少し後,科学技術の発展を待ってとなる。
 いわゆる「ガス産業」と呼ぶに相応しい産業が勃興するのは近代日本の幕開けである明治時代,産業革命に先駆けた1872年に横浜の馬車道通りにガス灯数10基が点灯したことに始まる。しかしこの時代のガスの主原料とされていたのは石炭であり,その後ガス産業の発展とともに原料が多様化する中で,石油系の原料を経て天然ガスが登場することになる。

2. 国産天然ガスの利用拡大

 天然ガスが本格的に原料の1つとして導入されたのは,1950年代の後半以降である。当時は,第2次世界大戦後の日本経済の復興に伴い増大するガス需要に対応するため,従来は主として石炭であったガスの原料が,原油・ナフサ・LPGなど石油系燃料へと替わっていった時代である。
 このような中,帝国石油㈱は1957年に新潟県頸城地方一帯に大規模な天然ガ

146

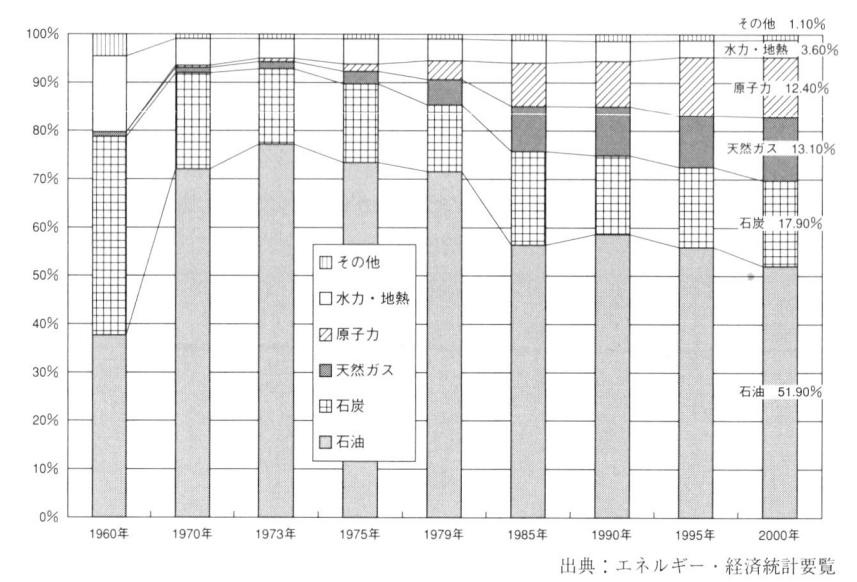

```
その他          1.10%
水力・地熱        3.60%
原子力          12.40%
天然ガス         13.10%
石炭           17.90%
石油           51.90%
```

出典：エネルギー・経済統計要覧

図5－1　日本の1次エネルギー供給の推移

ス田を発見した。同社は，同ガス田の予想探鉱量が100億 m³と推定されたことから，大需要地である首都圏にガスを供給している東京ガス㈱への販売を模索し，東京ガス㈱も増大するガス販売量の有力な原料ソースの1つとして購入することを快諾した。これに伴い帝国石油㈱はガスの供給のために，新潟―東京間約300km 超にわたる専用パイプラインを建設した。これが日本における初めての天然ガスの本格的な利用・導入であると位置づけることができる。また同パイプラインの敷設により，沿線上で同原料を使用したガス事業者が誕生することとなり，現在に至っている。また千葉県内でも一部の地域で国産天然ガス田の開発が進み，京葉ガス㈱も，1957年から千葉県産の天然ガスを改質して原料の1つとして利用していた[2]。

　しかし天然ガスの供給ソースが国産天然ガスのみの供給であった1965年時点では，日本の1次エネルギーに占める天然ガスの割合は，わずか1.0％強に過ぎなかった。

3．LNG の導入

　もともと常温で気体エネルギーである天然ガスの輸送手段は，1950年代に世界で初めて本格的に天然ガスを利用したアメリカや，1960年代に本格的に導入したヨーロッパでは「パイプライン」が主流であり，海を超えての輸送は難しいと考えられていた。しかしアメリカにおいて，常温で気体である天然ガスを－162℃まで冷やし液化する技術が実用化されると，その後アメリカ―イギリス間で，液化されて気体時に比べ体積が600分の1になったLNGをタンカーで海上輸送することに成功した。

　この技術的な発展を受けて，日本においてもLNGを輸入しようとする動きが本格化した。1969年に東京ガス㈱と東京電力㈱が共同でアメリカ・アラスカ州から神奈川県横浜市にある東京ガス㈱の根岸工場に，日本で初めてLNGを，ガスの原料として，また火力発電所の燃料として，導入した。その後大阪ガス㈱でもLNGを導入，これを契機として以後多くの電力会社・ガス会社などが相次いでLNGの導入を進めることとなった。

　このLNGの導入は，以下の点において日本のエネルギー産業にとって画期的な出来事であった。

・当時の日本の1次エネルギーは，供給源の大部分を政情不安定な中東に頼る石油への依存度が約80％と高く，有事のエネルギーセキュリティーに大きな問題を抱える非常に脆弱なエネルギー供給構造であり，そのため供給源が世界各地に偏在しており，供給安定性の高いLNGの導入は，日本のエネルギー構造の多様化・基盤の安定化に繋がったこと。

・天然ガスの可採年数は石油のそれを上回り，基幹エネルギーとして長い期間の供給が可能であること。また採掘開始が石油に比べると遅いので，今後も埋蔵量の増加が期待されること。

・LNGは，天然ガスが産地で液化される時点で脱塵・脱水・脱炭酸・脱黄などの処理がされているため，極めてクリーンなエネルギーであり，大気汚染が大きな社会問題となっていた日本にとって有用なエネルギーであったこと。

またこれら LNG のエネルギーとしての優位性もさることながら，その後発生する2度の石油危機を契機とした，日本を取り巻くエネルギー環境の変化とエネルギー多様化時代の進展の大きな影響を受けつつ，石油代替エネルギーとして，また基幹エネルギーの1つとしてその注目度を増していくこととなる。

4．都市ガス分野での天然ガス利用

都市ガス事業のガスの原料としての LNG の導入は，以下のような多くの利点があった。
・LNG は常温に戻すことで再ガス化することが容易であり，従来の石油・石炭等を原料としたガス発生設備に比べて大幅に簡素な発生設備となること。
・天然ガスは従来のガスと比較してカロリーが高いガスであるため，既存のパイプラインの利用効率が高くなること。
・LNG はガス化効率がほぼ100％に近く，輸送ロスもほとんどないため，総合エネルギー効率が高いこと。
・液体の LNG をポンプにより昇圧した後で天然ガス化することで容易に高圧ガスを得ることができるため，高圧パイプライン網の形成が可能となること。
・－162℃と低温の LNG を天然ガス化する際に，冷熱（約200kcal/kg）利用することが可能であり，冷熱発電や冷凍倉庫などエネルギーの効率的な利用による新規事業の展開が可能となること。

このように都市ガス事業の原料として多くの利点を持つ LNG は，「最適な都市ガスの原料」として位置づけられるようになる。

またそれに加えて，1980年5月に制定された「石油代替エネルギー法」に基づく「石油代替エネルギーの導入指針」においても，「ガス事業者による LNG の導入促進とそのための必要な施策の推進の必要性」が強く指摘され，国が「都市ガスの原料としての天然ガス」を認知することとなり，普及を後押しした。このような状況の中で，多くのガス事業者の間で原料の天然ガス化が進ん

だ。

5．都市ガス産業の発展

 4．において都市ガス分野における天然ガスの導入について言及したが，以下ではLNG導入後の，天然ガスを原料としたガス産業の発展について言及する。

 第2次世界大戦中壊滅的な打撃を受けた都市ガス産業であったが，戦後の復興とともに力強い回復を遂げ，1950年代には戦前の販売量および需要家件数を回復した。またこのガス産業の復興に伴い，都市ガス未普及地域において新たに都市ガス事業を創業しようとする気運も高まり，都市ガス産業は飛躍的な発展を遂げていくことになる。

 それに伴いガスが使用される分野は，従来の家庭用に留まらず，産業用・業務用へと広がりを見せた。ガスの原料が天然ガス化されたことに加え，上述の石油危機・大気汚染問題の打開策の1つとしても大いに注目を集めたこともあり，これら新分野でのガスの導入はその後ますます進んでいった。

⑴　空調用分野

 もともと都市ガスは家庭用の空調のうち暖房の燃料としては一部で使用されてきたが，1970年以降は業務用の空調分野（冷暖房）の燃料への広がりを見せる。この新たな空調用分野でのガス利用は大きく2つに分類できる。

・地域冷暖房分野——地域冷暖房とは，都心部等大規模建物が密集している地域で，従来ビル毎がそれぞれ所有していた冷凍機，ボイラーなどの設備を集約・大型化したものを1箇所に集めて冷水・温水・蒸気を生産し，それを冷暖房の熱源としての各建物へ地域配管を通じて供給する方式である。日本では1970年の大阪万博において初めて都市ガスを燃料とした地域冷暖房が導入されたが，その後多くの地域で地域冷暖房が導入されたことにより，その事業としての公益性が認められ，1972年末には「熱供給事業」として政府の規

制を受けることに至る。現在では，日本全国で約150の地域で地域熱供給事業が行われるまでに発展している。

・ビル等における冷暖房分野——1960～70年代のビル空調は，冷房は電気を，暖房は重油を，それぞれ燃料として使用しているものが多かった。しかし1971年，蔵前国技館で初めて都市ガスがビル冷暖房の燃料として採用されたのを皮切りに，その後続々と同様のケースが見られるようになった。その後，電力ピーク期の緩和，ガス供給の負荷平準化によるガス事業者の効率的な事業運営の実現など，都市ガスを燃料としたビル冷暖房の大きなメリットが社会的に認知されるに至り，その後も全国規模で飛躍的にその普及が進んだ。

都市ガスを原料としたビル冷暖房には，設備の占有面積が少なくて済むこと，維持管理費など手間も最小限に抑えられることなど，さまざまなメリットがあったが，その中でも最も大きいメリットは，原料が天然ガスであることである。石油危機以降盛んに推進されていた"脱石油"，"省エネルギー"の促進に寄与し，また大気汚染防止，地球温暖化防止の観点からも非常に有用であった。この天然ガスのクリーンなエネルギーとしての優位性は，環境時代到来の流れの中でその評価が高まり，その後も多くの地域・建物で都市ガスを燃料とした冷暖房導入を後押しした。

(2) 産業用分野

都市ガス事業者にとって産業用のガス供給は，年間および季節の負荷変動が小さい需要であり，設備の効率的な利用に資するものであるため，高速バーナーなどの技術的な開発が進展するに伴いその販売量を拡大していった。しかし石油が安価・安定的な燃料であった時代には，熱源の主流はあくまで石油・LPGの石油系の燃料であった。

しかし石油危機以降の低成長時代に入り，企業は高度成長時代に大気汚染などの公害問題をひき起こす原因となった経済合理主義一辺倒の経営方針を改め，環境を志向するようになった。そのため燃料についても，より品質の良

い，環境に優しい燃料に対するニーズが高まった。このような状況は，天然ガスを原料とする大手ガス事業者にとって積極的な普及促進を図るための千載一遇の機会であった。LNGを導入したガス事業者にとって高負荷・高稼働率である産業用の需要家は，LNG転換プロジェクトによって生じた供給コストを逓減するためには，必要不可欠であったが，価格がかなり割高であったため導入が進まなかった。

このような状況を踏まえて，1979年に通商産業省に設置された都市エネルギー部会の都市ガス料金制度分科会の中間答申の中で「石油代替エネルギーであるLNGの一層の利用の拡大を図るための料金制度の必要性」に言及がされ，それを受けて翌1980年以降，大手ガス事業者の間で「産業用LNG契約制度」が実施されることとなった。

「産業用LNG契約制度」は，その対象範囲をガス以外の燃料を選択することができる大規模な需要に限定した上で，ガス事業の用に供する設備の効率的な利用という観点から個別需要の増分費用に着目した料金とし，他燃料との競合に耐えうる料金を実現したものであった。この料金制度は，結果的に石油危機を契機にLNG価格が原油リンクとなったことにより，料金が石油価格に連動する形となったため，石油価格との比較が容易なガス料金を需要家に提示することが可能となり，また低原油価格時のリスクを需要家に保証できることとなった。そのため需要家から価格の合理性について納得感を得ることが容易となり，依然として他燃料の価格と比較した天然ガスの価格は高額であったものの，他燃料に対する競合力の向上に大きく貢献した。この料金体制の整備と，工業分野で特に大きく需要が伸びたコージェネレーションシステム等の技術分野における開発の進展が，産業用の販売量全体の大幅な増加に大きく貢献した。

このように都市ガス分野では，LNGの導入によるガス原料の天然ガス化を契機に，従来の家庭用に加えて，業務用・産業用を中心に，その他自動車の燃料や全く新しいガスの使用形態である燃料電池などの新分野を開拓しながら，その販売量を大きく伸ばしていくこととなった。

6. 電力分野での天然ガス利用

(1) 一般電気事業者によるLNG導入

　現在日本のLNGの総消費量のうち，約70％は発電の燃料用として使用されており，都市ガスの原料として使用される量を遥かに凌駕している。日本の天然ガスの消費は，発電用抜きには語り得ないものと言っても過言ではない。

　1950年代までの日本における電力の燃料は，恵まれた地形を生かした水力発電（約70％）と石炭を燃料とした火力発電（約30％）が主体であり，長い間いわゆる「水主火従」の電源構成であった。しかし1960年代後半になると，急速に伸びる電力需要に対応するために比較的短期間での建設が可能な火力発電所が続々と建設されるようになった。そのため石油危機直前の1973年時点では，発電電力の70％強が火力発電によることとなっていた。またこれに併せて，火力発電の燃料についても，石炭から，当時石炭よりも安価であり，またハンドリングが容易な石油へとシフトしていった。

　このように電源構成が火力発電に偏りを見せる中，10電気事業者のトップを切って東京電力㈱が発電燃料として天然ガスを導入した。大気汚染が問題となる中，東京湾内横浜市に火力発電所を建設予定であった同社は，当初同発電所の燃料として石油を採用する予定であったが，環境規制の厳しい横浜市から都市環境への配慮から燃料の再考を求められ，これに応ずる形で，燃焼の際に全くSO_xを発生せず，また低No_xであるLNGを輸入，これを気化した天然ガスを火力発電所の燃料として日本で初めて導入することとなった。これを契機として，天然ガスは大都市近郊の火力発電所を中心に燃料として使用されるようになる。

　また1970年代の2回の石油危機を受けて，1979年6月のIEA閣僚理事会で石油火力発電所新設原則禁止が勧告されると，原子力発電が推進されるとともに，火力発電の燃料は天然ガスへと傾斜していった。その結果1999年時点で電力会社の発電する電力のうち，26.2％までが天然ガスを燃料とした火力発電となっている。

第5章 日本の天然ガス産業　153

注：1960年のその他には天然ガスを含む

出典：エネルギー・経済統計要覧

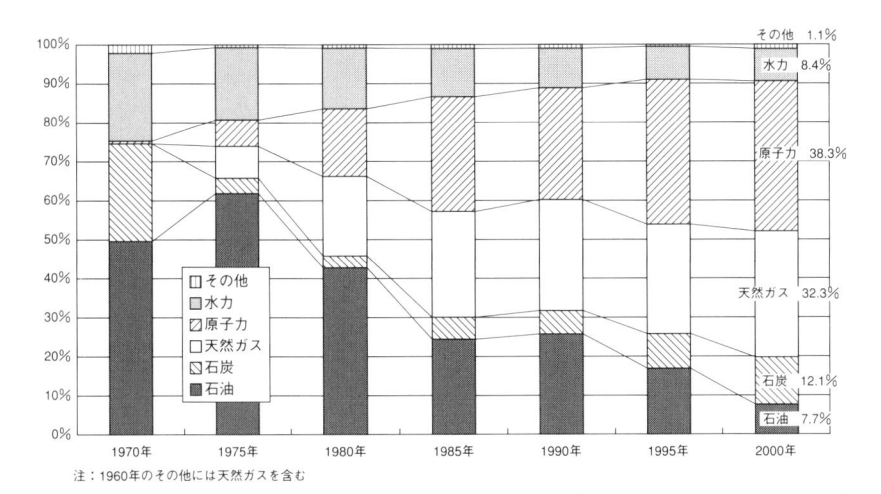

図5－2　日本の発電電力量の割合の推移（9電力事業者）

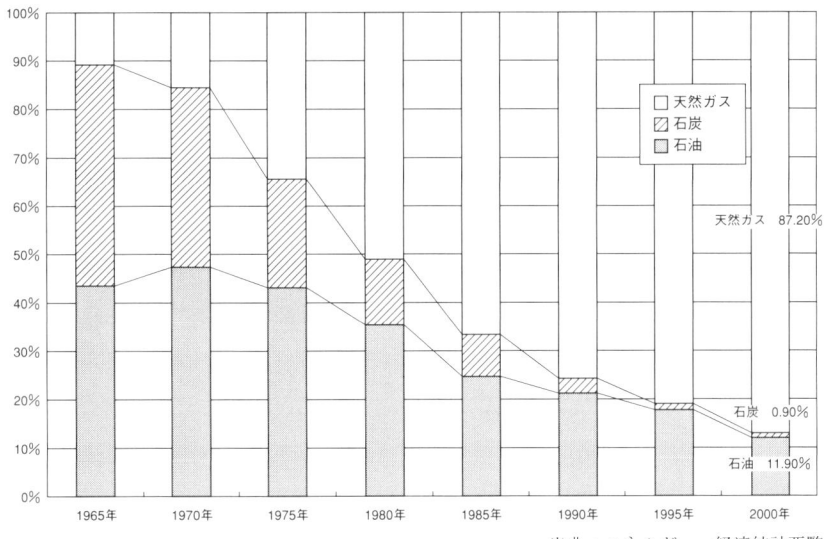

出典：エネルギー・経済統計要覧

図5－3　都市ガスの原料の推移

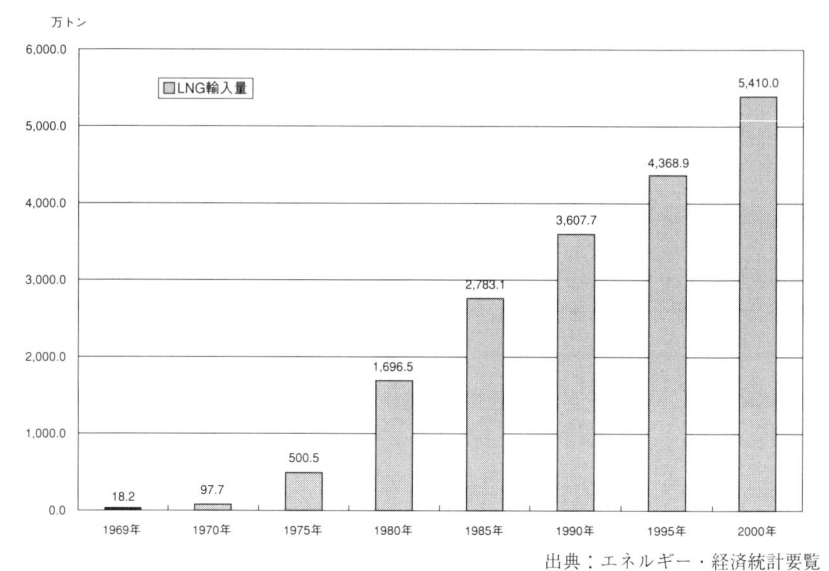

図5-4　日本のLNG輸入量の推移
出典：エネルギー・経済統計要覧

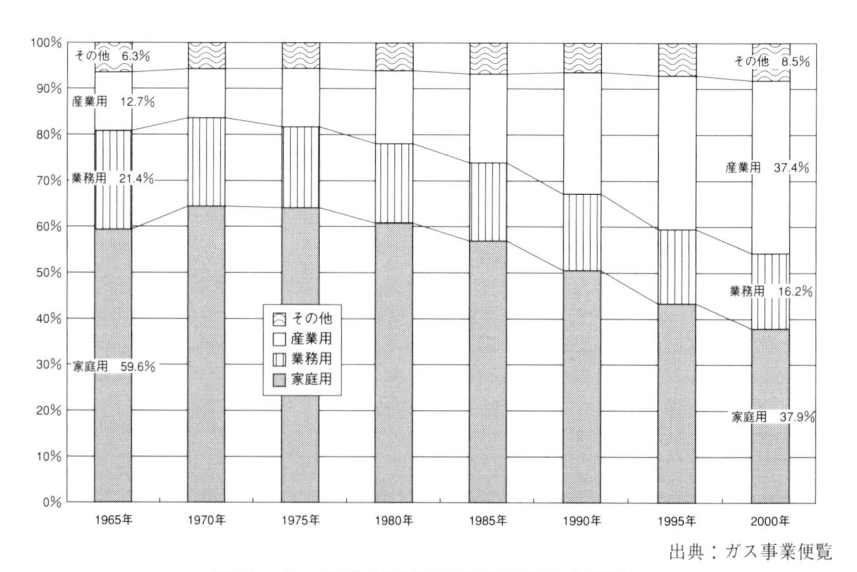

図5-5　都市ガスの用途別販売量の推移
出典：ガス事業便覧

それに加えて昨今一般電気事業者以外の発電においても，省エネルギーの進展に伴って普及したコージェネレーションシステムを中心とした自家発電（日本の総発電量の1割強を占める）や，また電力規制の緩和によって誕生した特定規模電気事業や独立発電事業者（IPP）などにおいて，その発電の燃料として天然ガスを導入する・導入を予定するケースが目立ち始めており，規制緩和・改革が進む中で今後一般電気事業者以外の発電分野においてもその需要が伸びていくものと考えられている。

(2) 地球温暖化問題への対応

日本全体のエネルギー需給という視点に立った時に，避けて通ることの出来ない問題が地球温暖化問題対策である。1997年12月の地球温暖化防止京都会議（COP3）において定められた日本の温室効果ガス削減の目標値（1990年比で6％の削減）を達成するためには，エネルギーの需給サイド，供給サイド双方における取り組みが必要とされている。

その中において電力分野では，温暖ガス削減目標を受けて1998年に策定された長期エネルギー需給見通しでは，発電過程でCO_2を排出しない原子力のより一層の促進（対策ケースで全発電量に占める原子力の構成比を1996年35％から2010年45％とする）が掲げられた。その後各電力事業者の検査体制の不備，ウラン加工施設での臨界事故など安全面での信頼が大きく損なわれることとなった。そのため2001年に改定された長期エネルギー需給見通しでは，全発電量に占める原子力の構成比は42％まで低下しており，また今後更に原子力発電所の新設が頓挫する場合には33％まで低下する可能性があると考えられている。

これに代替する発電手段として，最も有力かつ現実的と考えられているのが天然ガスを燃料とする火力発電であり，2010年の全発電量に占める天然ガスの構成比は20％（1998年想定）から26％（2001年想定）に上昇，今後原子力発電所の新設状況や，風力発電などの新エネルギー進捗状況如何では，更に構成比が上昇する可能性もあり，今後益々発電分野における天然ガスの重要性が増していくものと考えられる。

第2節　日本のガス産業構造の現状

1．日本のガス産業と産業構造

(1) 1次エネルギー供給における天然ガス

第1節では日本の天然ガス利用の歴史について触れたが，第2節ではまず現在の日本のエネルギー供給がどのような構造になっており，その中で天然ガスがどのように位置づけられているのかについて分析する。

天然ガスを含めてエネルギー資源に恵まれない日本は，1次エネルギー供給の8割以上を海外からの輸入に依存している。

現在の日本の1次エネルギー供給に占める各エネルギーのシェアは，2000年

出典：エネルギー・経済統計要覧

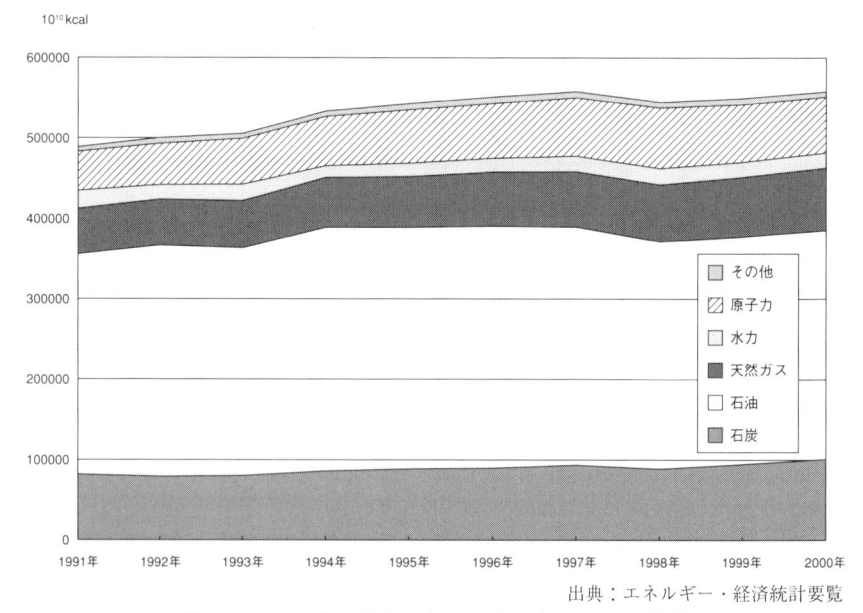

図5－6　日本の過去10年の1次エネルギーの推移

第5章　日本の天然ガス産業　157

時点で，石油が51.9%と最も大きく，次いで石炭17.9%，天然ガス13.1%，原子力12.4%の順になっている。天然ガスは1970年時点では1.2%，1980年時点で6.1%，1990年時点で10.1%とここ30年の間に急速に日本の1次エネルギー供給量に占めるシェアを増加させてきていることがわかる。またここ10年（1990年～2000年）の日本における1次エネルギー供給全体の平均伸び率が1.3%／年程度であるのに対して，天然ガスの平均伸び率は3.5%／年と高い数字になっている。しかし欧米諸国で天然ガスの1次エネルギー供給量に占める割合が20%を超えていることと比較すると，日本の天然ガスのシェアは決して高い方ではない。

表5－1　過去10年の各エネルギーの伸び率

	1991年	1992年	1993年	1994年	1995年	1996年	1997年	1998年	1999年	2000年	91～00年平均
石油	−1.81%	4.38%	−1.63%	6.52%	−0.98%	0.39%	−1.78%	−4.97%	0.27%	1.10%	0.38%
石炭	2.93%	−2.97%	0.94%	6.77%	2.70%	0.82%	3.91%	−5.66%	6.34%	4.89%	1.88%
天然ガス	5.38%	1.62%	2.25%	5.78%	2.46%	6.50%	2.51%	3.50%	3.95%	4.97%	3.49%
原子力	5.24%	4.39%	10.43%	7.38%	7.60%	3.62%	5.32%	3.96%	−4.97%	−2.89%	3.73%
水力	8.43%	−18.28%	13.95%	−42.88%	18.45%	−2.17%	11.75%	2.33%	−7.94%	−3.20%	−1.50%
その他	0.71%	−2.06%	−3.61%	1.92%	8.23%	3.27%	3.85%	−6.59%	1.58%	−0.32%	0.71%
全体	0.95%	1.96%	1.18%	5.10%	1.83%	1.51%	1.17%	−2.55%	0.83%	1.63%	1.30%

出典：エネルギー・経済統計要覧

(2) 天然ガスの用途別使用量

日本における天然ガス消費量はここ1973年のLNG導入以降大幅に増大しており，2000年では約740億 m^3 が消費されている。用途別の天然ガス消費量は図5-7の通りとなっている。発電用が最も多く，ついで産業用，家庭用がほぼ同じ，ついで業務用となっている。

(3) 天然ガスの原料

現状の把握

天然ガスは，2000年において，総供給量の3.4%を占める国内生産天然ガスを除いた，96.6%にあたる約5,410万トンのLNGを海外から輸入している。

その内訳はインドネシア33.5%を筆頭に，マレーシア20.2%，オーストラリア13.2%，ブルネイ10.6%，アラスカ2.3%とアジア・太平洋諸国からの輸入が全体の80%を占め，それ以外の20%分をカタル・アブダビ・オマーンの中東諸国から輸入している。

LNG輸入の主だった特徴は，1) 多様な地域から輸入していることと，2) 中東依存度が低いことである。なお現在稼働しているLNGプロジェクト毎の状況は図5-8の通りである。

なお国内総供給量の3.4%分を占める国産天然ガスの生産は，北海道，新潟県，千葉県などの地域で行われており，パイプラインにより周辺のガス事業者に原料として，また一部では電気事業者の燃料として，供給されている。

LNG輸入の形態

LNG輸入のためには，生産地における液化基地や需要地における受入基地，また生産地と需要地の間を輸送するための専用タンカーなど特殊な施設・設備が必要になる。そのため常温で液体でありハンドリングが易しい石油などの他エネルギーの市場と比較すると，LNGの市場は閉鎖的な市場になっている。

閉鎖的な市場環境においてLNGプロジェクトが成立するためには，以下のような条件が必要となる。そのため現在日本の大多数のLNG輸入プロジェクトでは，ガスの生産から液化，輸送，再ガス化，消費までが一貫した体制の下

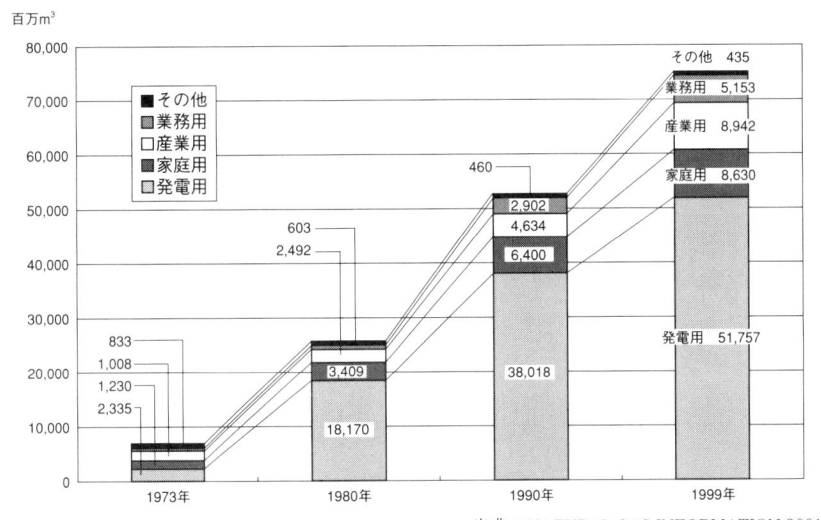

第5章　日本の天然ガス産業　159

図5－7　日本の天然ガス消費の推移 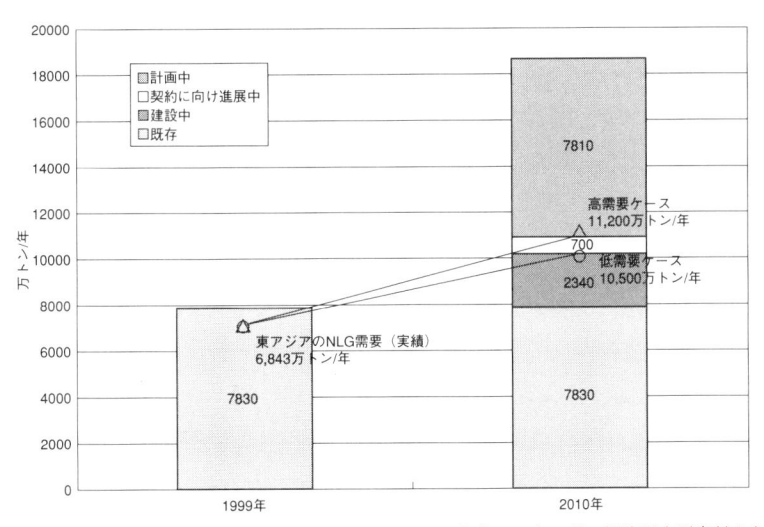
出典：NATURAL GAS INFORMATION 2001

図5－8　東アジアのLNG需給の見通し
出典：エネルギー経済研究所資料より

で推進されている。

- 液化基地や受入基地，輸送用のタンカーなど特殊な施設・設備のための多額の初期投資
- 多額の初期投資の回収が可能となる長期契約（10〜20年）
- 生産地での十分な埋蔵量のあるガス田の確保
- 需要地での安定したガスの需要の確保

すなわちLNGプロジェクトは，ガスの供給者（輸出者）とガスの需要者（輸入者）とが長期的な結びつきに基づく安定的な契約があって初めて成立するものであると言える。日本においてこれら条件をすべて満たすのはガス事業者と電力事業者に限られており，その結果，LNGの輸入の大部分が両者によって行われている。

また多額の初期投資回収の観点等からLNGプロジェクトの契約の内容は，契約期間が20〜25年程度の長期にわたること，また一定量の引き取り義務（テイク・オア・ペイ条項）を含むことなど，他の売買契約では見られない特異なものが見受けられる。なおこれらの契約内容は，LNG導入当初のガス事業者・電力事業者が安定供給を最優先課題と考え，安定的な原料の確保を優先していた影響を受けている側面もあると言える。

しかし昨今，①アジア太平洋地域のLNGプロジェクトが続々と立ち上がり，将来のLNG市場が供給過多になると予想されること，②規制緩和・改革によりガス事業・電気事業の市場が変化したこと，などのLNG市場を取り巻く環境の変化を受けて，契約内容に変化が見られるようになっている。買い手であるガス事業者・電力事業者は，長期契約の更新期に際して，契約期間の短期化，FOB契約化，年間契約量の弾力性拡大（テイク・オア・ペイ条項の弾力化）など，より柔軟性に富んだ契約を志向し，売り手に契約内容の変更を求める傾向にある。今後現在稼働しているLNGプロジェクトの約半数が更新期を迎える2010年には，この取引内容の弾力化はますます進んでいくものと思われる。またその契約内容の変更に伴い，余剰LNGをスポットで供給する形態が発展していく可能性もあると思われる。

LNG 価格フォーミュラ

日本の LNG 価格は，1969年にアラスカから輸入後1970年代にかけてはプロジェクトへの投資額を基にした固定価格であった。その後2度の石油危機を経て，1979年以降は原油等価方式が採用され，原油の産油国政府販売価格（GSP）にリンクする方式に変更された。しかしその後1985年からの原油実勢価格の低下により GSP と原油価格が著しく乖離したため，GSP リンクの LNG 価格と原油価格とも乖離することとなった。そのため新たに JCC（全日本輸入原油 CIF 平均価格）にリンクする方式が採用されることとなり，1995年以降多くのプロジェクトで原油価格の変動の影響を少なくするために S カーブフォーミュラ（一定の上限価格，下限価格を設定する方式。原油価格が上限価格以上の場合には LNG 価格は割安に，下限価格以下の場合は割高になる）が採用されたが，基本的な価格方式は変わっていない。算定式は以下の通りとなっている。

LNG 価格(Y) ＝ 係数(a)×JCC(X)＋一定額(b)

a, b の数字はプロジェクト毎に若干の差異がある。a と b は供給者と需要者の利害により決定される。a は原油価格が高騰した場合でも LNG 価格が100%リンクして上がらないように設定された仕組みであり，b はプロジェクト全体の固定費回収するために設定された仕組みである。ちなみに一般的に Y＝X となるのは25＄/b 付近と考えられており，LNG 価格は若干原油価格よりも高いレベルで推移していることがわかる。

なおこの価格フォーミュラは，現在アジア太平洋地域の LNG 輸入国である韓国，台湾でも導入されている。しかし今後中国，インドで本格的に LNG が導入される予定であり，アジアの LNG 市場が更に拡大していく中で，LNG 価格フォーミュラ以外での LNG 輸入契約が生まれてくる可能性があると考えられる。

日本の LNG 輸入価格

③で日本の LNG 価格の決定方式については言及したが，ここでは実際の LNG 輸入価格の水準について考察する。

東アジア地域を除き，LNG 輸入を行っているのはアメリカとヨーロッパの一部の国々である。ここでは例としてアメリカの LNG 輸入価格と日本のそれとを比べてみると過去10年間を見ても 3 〜 4 割高の価格（石油のバレル換算で約 7 ドル）となっている。エネルギー資源に乏しい日本および他の東アジアの国々は，エネルギーを輸入する際には，そもそもアジアプレミアムと言われる他国・他地域に比べて高い価格で購入してきており，少なからず LNG 価格が高くなっている要因となっている[3]。

今後の LNG 需給見通し

ここでは，日本を含めたアジア環太平洋地域の LNG の需給状況及び見通しを分析する。1999年におけるアジア環太平洋（日本，韓国，台湾）の LNG 需要は6,834万トン（うち日本は5,410万トン）であり，片やアジア環太平洋地域向け LNG 液化基地の生産能力は8,730万トンとなっており，供給可能量が需要を大きく上回っている状況である。

まず今後のアジア環太平洋地域の LNG 需要は，今後エネルギーの LNG シフトを推進する中国，インドを中心に大きく伸びていくことが予想されており，2010年時点で予想される需要は 1 億1,000万トン前後（うち日本は5,900万トン）と予想されている。

片や今後のアジア太平洋地域への LNG 供給は，現在の8,730万トンに加えて，2005年までに 4 プロジェクト1,720万トンが，その後更に6,000〜8,000万トンが，それぞれ LNG の輸出を開始する予定である。産ガス国は，最大で合計約 2 億トンの生産能力を持ち，合わせて全体で最大 1 億トン弱の供給能力の余剰を抱えることとなる。

また日本への天然ガスの供給という点を考えれば，サハリンからのパイプラインによる天然ガス供給も計画されており，未知数ではあるが，新たな天然ガスの供給ソースとして考慮に入れる必要がある。

またアメリカ，ヨーロッパにおいても LNG 受入基地の建設が予定されており，世界的に LNG による天然ガスの取引は拡大していく傾向にある。

以上の状況を総合的に勘案すると，2010年を目途とした中期的なアジア環太

平洋地域のLNG市場は，新規需要国の影響もあり，需要は大きく伸びるものの，今後の新規プロジェクトの立ち上げにより供給する能力を十分に持っているものと見込まれており，供給が需要を上回る状態になると予想されている。そのため徐々に買い手主導の市場へとシフトしていく可能性がある。

(4) 天然ガスの受入と配送

現在日本では，ガス事業者，電気事業者他が全国で計23箇所のLNG受入基地を持ち，LNGを輸入している。

ガス事業

一般ガス事業者は，全国で229社（2003年10月現在）があり，1999年度実績で，一般ガス事業者がガスを現に供給している需要家は約2,500万件，日本全体の世帯数4,750万件であり，約50％の世帯のガス供給をカバーしていることになる。ただし一般ガス事業者であっても，大きい事業者の需要家件数は900万件超，小さい事業者の需要家件数は100件未満と，その事業規模をはじめ，需要・供給構造等に大きな差異がある。その多種多様な一般ガス事業者の中で，天然ガスを主原料としたガスを供給しているのは，総事業者数の約50％であり，またガスの総販売量は，特に事業規模の大きい大手4事業者の間で原料の天然ガス化が進んでいることもあり，約90％となっている。

しかし実際にLNGを輸入し，天然ガスを生産している事業者は極一部の規模の大きいガス事業者に限られており，現在東京ガス・大阪ガスなど8事業者のみである。それ以外のLNG受入基地を持たないガス事業者はLNGを輸入するガス事業者からパイプラインやローリーにより供給を受け2次的に天然ガスを供給しているか，国内天然ガスを生産しているエネルギー会社から原料として天然ガスを購入し，それを供給しているかのいずれかである。

石炭系・石油系の原料のガスを供給していた時代の日本のガス産業は，それぞれの事業者が自ら製造所を持ち，自らガスを生産していた。一般ガス事業者が個々に独立した供給ネットワークを有し，各々がガスを供給する構造であったが，LNG導入後の日本のガス産業は，ガスの生産は一部の大規模一般ガス

事業者他が担務し、その大規模ガス事業者がガスの供給者として、他の中小一般ガス事業者がガスの需要者として、相互に天然ガス供給系統チェーンによって結ばれる、いわば「局地的な供給ネットワーク」を形成し、ガスを供給する構造へと変化した。言い換えれば、現在の日本のガス産業の構造は、限られた1次天然ガス事業者とその事業者から天然ガスの供給を受けて2次・3次的に供給する事業者が、それぞれ最終需要家に天然ガスを供給する形態となった[4]。

また加えて、これらの天然ガス供給系統チェーンは各1次天然ガス供給者を中心として成立しているが、相互に結ばれているものではない。基幹となるパイプライン（いわゆる「幹線パイプライン」）が存在しないため、個々に独立した系統となっている。そのため1次天然ガス供給者間での競争は存在せず、固定的な供給・需給関係を構築している（天然ガスを導入する時点での1次天然ガス供給者間での限定的な競争については現に存在する）。

電気事業、他

一般電気事業者は10事業者あり、その10社で日本全域に電気を供給している。事業者の規模は、沖縄電力を除くと、需要家件数はいずれも100万件を超えており、非常に大きい規模の少数の事業者が日本全国に電気を供給する産業構造となっている。

一般電気事業者は、日本全体のLNG輸入量の約70%を輸入しているが、前述したガス事業とは異なり、基本的に「ガスの需要者＝LNGの輸入者」の構図となっている。規模の大きい事業者で構成されている電力業界では、各事業者が投資能力とガス需要の規模を有しており、独力でLNGを輸入することが可能である。

現在北海道・北陸・四国・沖縄電力を除いた6事業者が、計13箇所のLNG受入基地（ガス事業者などとの共同所有など含む）でLNGを輸入している。6電力事業者で、LNG火力発電所は計117基、総計6,000万kWとなっている（今後現在導入している事業者以外にも沖縄電力がLNGを燃料とする火力発電所の建設を計画しており、今後とも基数、発電能力ともに増加していくものと推定される）。

第5章　日本の天然ガス産業　165

　電力事業者が輸入したLNGのほとんどすべては，受入基地近隣にある火力発電所にパイプラインによって輸送され，その場で気化され天然ガスとして使用されている。受入基地からダイレクトに火力発電所へ天然ガスを供給する形態となっている。発電所専用のオンサイト利用であり，パイプラインによって広い地域に供給するものではない。

　なお昨今のガス供給に関する規制の緩和を受けて，電力事業者がLNG受入基地周辺に敷設したパイプライン等を使用してその近隣の需要家や一般ガス事業者に直接天然ガスを供給する事例も見られるようになってきている。

2．日本の幹線パイプライン

(1)　パイプラインの敷設状況

　パイプラインはその送出圧力によって高圧・中圧・低圧に分類されるが，現在日本でこれらすべての圧力種のパイプラインを足し合わせた総延長は2000年時点で約21万5,000kmとなる。

　しかしながらその大部分はガスを需要家に供給するために使用される配給パイプラインであり，広域にガスを輸送するために使われる幹線パイプラインと目される一般ガス事業者および卸供給事業者等の高圧のパイプラインは全体の1％強に過ぎない。日本は一部地域を除き国内に天然ガス田を持たず，比較的需要地に近い地点でLNGなどの原料を輸入・生産・供給するという形態を取ってきたため，幹線パイプライン網が発展しなかったものと考えられる。

(2)　国内幹線パイプライン・プロジェクト

　今後天然ガスはその基幹エネルギーの1つとしてその役割を高め，その需要が増大していく中で，より広い地域に，より安定的にガスを供給するためには，国内に幹線パイプラインの建設が必要であるとされてきた。平成の時代に入り，その先駆けとして国内パイプラインの建設の検討が進められた。

　当時の幹線パイプライン構想は，1995年5月に㈳日本ガス協会が作成した報

告書「天然ガス広域パイプラインの整備に向けて」を踏まえ，通商産業省（当時）の審議会である総合エネルギー調査会都市熱エネルギー部ガス基本問題検討小委員会での議論を経て，幹線パイプラインを社会資本の整備の一環として進めるべきとの答申がされたものである。具体的には，大需要地である関東圏―東海圏―近畿圏にわたる総計1,200kmを結ぶルートが検討され，その工費を見積もるまでに至った。

同建設計画は2000年の着工を計画したが，他エネルギー業界から幹線パイプラインの社会資本としての価値は認めるが，経済性の観点から建設は合理的なものとは考えられないとの意見答申がなされたこと，また継続して行われていた天然ガス導入条件整備調査結果を踏まえ，最終的に建設には至らなかった。

(3) 国際幹線パイプライン・プロジェクト

日本がLNGの輸入を開始して30年以上が経過しているが，東南アジア，中東地域，オーストラリア，アラスカなど幅広い地域から輸入をしてきた。IEAの調査結果では「LNG輸送と海底パイプラインの輸送コストの分岐点は4,000～5,000km」とされており，この距離を超えるとLNGによる輸入の経済性がパイプラインのそれを上回るとされている。この分析を踏まえると，日本とこれらの国々との距離は，いずれの地域も中遠距離であり，この分岐点を超える地域である。そのため経済合理性の観点から見て，LNGによる輸送が望ましい地域であった。

現在，今後の新たな天然ガスの有力な輸入先としてロシア極東地域「サハリン」が注目を集めている。ロシアは世界の天然ガス埋蔵量の約31％を占める地域でもあり，将来の天然ガスの有望な供給源と考えられている地域である。そのロシアの中でサハリンでは，1970年代以降ロシア・日本の協力の下で石油・天然ガスの巨大石油・天然ガス田として炭鉱・開発が進められてきた。同地域の天然ガスの埋蔵量は総計5.6億トン（LNG換算）以上と推定されており，現在の日本の天然ガス総需要の約10年分以上に匹敵するほどの規模を有している。

このサハリンは，今までの原料を輸入してきた地域とは大きく異なる特徴を有している，地理的な事情である。サハリンの南端と北海道北部とは，一番近いところでは海上約100kmに満たない距離であり，また日本の最大需要地である関東地方からも約2,000kmと至近の範囲にある。そのためパイプラインによる供給が十分可能な地域であり，また経済合理性にも合致すると考えられる地域である。

これらを踏まえて，具体的な実現に向けた取り組みが進められている。エクソンモービルを中心に，地元ロシア資本，日本の企業としては伊藤忠商事，丸紅，石油資源開発が事業主体となっているサハリン石油ガス会社（SODECO）が進める石油・天然ガス開発プロジェクト（いわゆるサハリン1[5]）は，天然ガスについては2005年に商業生産開始を目指して進展している。同プロジェクトにおいて日本への天然ガスの供給方式は，従来のLNGではなくパイプラインによる輸出を視野に入れ，1999年に調査会社を設立し，そのフィージビリティー・スタディを進めている。

またこのプロジェクトは，経済産業省の総合エネルギー調査会石油部会天然ガス小委員会が2001年6月に取りまとめた報告書においても，エネルギーセキュリティー，供給多角化，ガス価格の低下などさまざまな観点からその建設を促進すべきとの答申がなされており，国家のエネルギー政策にも大きな影響を与えるものと考えられている。

なおサハリンのパイプライン・プロジェクトの実現可能性については，パイプラインにより供給される天然ガス需要の有無，建設コストの不明確性，建設ルート沿線住民の反対運動等，パイプライン建設に関する不確定要素が存在することを踏まえて，本稿においてこれ以上は詳しく触れないこととする。

サハリン1・2は，パイプラインによる供給が実現するしないにかかわらず，いずれにしても現在天然ガスをエネルギー源の1つとして使用している日本・韓国・台湾，今後飛躍的に天然ガス需要が伸びる中国へも天然ガスを供給する予定であり，日本のみならずアジアの大きなエネルギー源となるであろう。

(4) 幹線パイプラインの意義

現在・過去・未来，なにゆえにこれほどまで幹線パイプラインの建設が渇望されてきたかについて言及し，本稿のまとめに代えたいと思う。

天然ガスを，パイプラインで輸送することとLNGに液化して輸入することとの違いは，近距離であればパイプラインが，中長距離であればLNGが，それぞれ経済合理性を有することがまず挙げられる。この2つの違いに着目し，これを臨機応変に使い分けることが天然ガスの世界的な普及に大きな役割を担った。

これに加えて，輸送をLNGではなくパイプラインによって行うことでのみ実現されることがある。それは「面」による開発が可能となるということである。

パイプラインの敷設は，その供給源と供給先（いわゆる「点」）の間を結ぶに留まらず，そのパイプライン沿線地域へのガスの供給を可能にし，またそのパイプラインから分岐することで更なる面的な広がりをも可能とする。この面的な広がりは結果として全国的なパイプライン・ネットワークを構築し，それによって天然ガスは，現在の大需要地およびその周辺地域における局地的利用から，日本全国における広域的な利用へと大きく発展することが可能となる。

また既存の一般ガス事業者の有するLNG基地，パイプライン・ネットワークについてもその位置づけが変化する。それまでの閉鎖的で個々に独立していた一般ガス事業者のネットワークは，幹線パイプラインで相互に結ばれることにより，幹線パイプラインを基幹とした全国的なパイプライン・ネットワークの一部として，開放的・広域的なものとなる。そのためガス事業に参入し易くなり，日本のガス市場全体が競争的なものへと変化すると考えられている。

日本における幹線パイプラインの建設は，更なる天然ガスの利用を拡大し，日本のガス市場を根本から変革する可能性を秘めているのである。

ただし日本においてパイプラインを建設するコストは非常に高く，別途経済合理性の観点から基幹パイプラインの必要性を検討する必要がある。

第3節　規制緩和と天然ガス

1．規制緩和の実証分析

⑴　日本における規制緩和の開始

　高度経済成長期における高成長時代の終焉，そして低成長時代の到来に伴い日本経済の成熟化・グローバル化が進んだ1980年以降，日本の経済社会は大きな変化を遂げた。こういった中，公的規制の緩和はグローバルな潮流となり，日本もその例外ではなかった。

　このような状況の中で，バブル経済崩壊後の経済再生へ向けて策定された1993年9月の緊急経済対策の一環として94項目の公的規制の緩和が図られるとともに，同年11月には総理大臣の私的諮問機関である経済改革研究会（いわゆる「平岩研究会」）において「規制緩和について」と題する報告がなされ，日本が自己責任原則と市場原理に基づく自由な経済社会を建設し，長い経済不況から脱するためには，経済的規制を原則として自由とし，より競争的な市場経済を実現することが必要であるとの提言などがまとめられた。

　この提言の中で，今まで公益事業とされてきた電気事業・ガス事業のエネルギー分野については，例外的な規制分野の1つとして位置づけられたものの，公正・簡素・透明性の原則の下に可能な限り規制を緩和し競争原理を導入し，事業者が創意工夫を引き出すことで，消費者利益の向上に資する制度作りが求められるところとなった。

　これを受けて，その翌年1994年にはガス事業法が，翌々年1995年には電気事業法がそれぞれ改正され，経済的規制分野のみならず，社会的規制分野にまで踏み込んだ形で規制緩和が図られた。

　その後も公的規制の緩和の実施は，社会的・国際的に重要な政策として位置づけられ，政府に行政改革委員会や規制緩和委員会など検討機関を設置し議論をし，規制緩和の対象分野・方策について検討を進めるとともに，一連の規制

緩和推進計画を閣議決定し，公表するなど，定期的に公的規制の緩和・改革について提言がなされるようになった。

また，日本の産業コストの高コスト構造の是正をはじめとする経済構造改革が求められるところとなり，情報通信，エネルギー，金融等産業基盤を支える事業の抜本的な規制緩和の推進にむけて，1996年12月の「経済構造の改革と創造のためのプログラム」，1997年5月の「経済構造の改革と創造のための行動計画」が閣議決定された。この継続的な公的規制緩和・改革の流れの中で電気事業・ガス事業のエネルギー分野は，国際的に遜色のない産業基盤サービスの実現を目指し，更なる経営の効率化・公正競争の促進が求められることとなり，そのために最適な規制のあり方を模索した結果，1999年にはガス事業法が，翌2000年には電気事業法がそれぞれ再度改正され，また今もなお更なる規制緩和・改革を目指した議論が進められている。

2．天然ガス分野における規制緩和・改革

以下では日本の規制緩和・改革の流れを踏まえて，より具体的に「天然ガス」と関わりの深い規制の緩和・改革の状況とその影響について言及する。

(1) ガス事業法について

天然ガスの供給に限らず「導管によるガス供給」の全般を規制するガス事業法は，戦前の旧瓦斯事業法以来一貫して自然独占性を有する公益事業としてのガス事業を規制するための法律と位置づけられてきた。

ガス事業法は1954年に制定され，その後1970年に保安規制の強化，小規模導管供給制度（簡易ガス事業制度）の創設など規制を強化する方向で大幅な改正がなされたが，それ以降は平成年代に至るまで大きな改正はなされなかった。従来のガス事業法は，国民生活および産業活動を支えるエネルギーの1つであるガスのより安定的な供給の確保と保安維持・高度化によるより安全な供給の確保に主眼を置いていた側面が強く，そのために必要となる数多くの規制が設

けられていた。

ガス事業法の改正の内容　1994年6月

　バブル経済崩壊等の経済情勢の変化および各種技術の進歩を受け，諸外国で進展するエネルギー分野における規制緩和と市場原理の導入を日本においても検討するべきとされ（前述），それを受けて1年余にわたる検討の後1994年6月（施行は翌年3月）にガス事業法が改正された。

　この法改正の最大の特徴は，ガスの供給の部分自由化（大口供給制度の導入）である。従来のガス事業法は，原則として1地域について1ガス事業者に独占的なガスの供給を認める代わりに料金などについて各種規制を課すという形態であった。そもそもこの規制形態は主たるガスの需要家を家庭用と目し構築されたものであり，天然ガスがガス事業の原料として導入・普及したことに伴い，ガスの需要家層は従来の家庭用から業務用・産業用にその裾野を広げていった。これらの新しい需要家層は，概してガスの使用量が多く他燃料への転換が容易であるため，言い換えれば財としてのガスの必需性が低いため，価格やその他供給条件について相対でガス事業者と交渉する力を有していた。そのためガス事業法に基づく価格等に関する規制は，需要家・ガス事業者双方にとって硬直的なものとなっていた。

　これらの実態を踏まえて，またアメリカやヨーロッパ諸国で段階的にガス供給の自由化が進んでいた状況をも踏まえて，ガス需要の年間契約量が200万m^3（46MJ/m^3）を超える部分のガスの供給（「大口供給」）について，その規制の見直しが行われた。具体的な内容は，①料金規制に関しては，原則として需要家とガス事業者との間の交渉により料金を設定することを認める，②参入規制に関しては，一般ガス事業者による供給区域外への供給および一般ガス事業者以外の者（「大口ガス事業者」）による供給を認める，という内容であった。すなわちガスの供給のうち「大口供給分野」は，市場原理を導入し，事業者間での競争が働く制度へと移行したのである。日本のガス分野における小売の自由化は，電気事業法に先んじて行われており，当時としては先進的な取り組みであった。なおこの改正により，日本のガス販売量のうちの約30％が自由化され

ることとなった。

またこの大口供給に係る市場における公平な競争条件整備の観点から，一般ガス事業者の有するパイプラインの第三者利用（託送，TPA）についてガイドラインが策定され，一部のガス事業者が自主的に託送要領を作成・公表した。

ガス事業法の改正の内容　1999年5月

1994年の改正の内容とその結果・問題点を踏まえ，より効率的なガスの供給のための更なる競争促進を目指し，1999年5月に再度ガス事業法の規制が緩和・改革された。

この法改正の大きな特徴は2点，①前回法改正で導入された大口供給分野の拡大（年間契約量200万m³→100万m³），②ガス事業者の経営自主性を最大限尊重し，行政の関与を最小限とするための各種制度の改革，が挙げられる。

大口供給制度の導入により，前回法改正の導入以降，需要家にとっては料金等について柔軟な価格での供給が可能となったこと（主として「ガス価格の低減」）とガス供給者を選択する機会の拡大という形で，一般ガス事業者については積極的な大口供給分野への進出による設備の効率的な利用という形で，それぞれ大きな成果をもたらしたという実態を踏まえつつ，特に産業用分野において高まりを見せている天然ガスに対するニーズと10件未満となかなか実績のあがらない新規参入者の動向など，現在の状況を踏まえ，大口供給の範囲を拡大し，年間契約量を100万m³（46MJ/m³）以上とした。

また前回法改正時は任意であった，託送については，「接続供給」として法文上で明確化され，大規模ガス事業者4社（東京ガス㈱，大阪ガス㈱，東邦ガス㈱，西部ガス㈱）にはその供給条件を定めた接続供給約款の届出が義務づけられた。

自由化分野の拡大および競争条件の整備により，従来の自らパイプラインを敷設してガスを供給する新規参入者に加えて，接続供給を利用してガスを供給する新規参入者などが現われ，一般ガス事業者以外によるガス供給の件数が増加した。

表5－2　大口供給制度導入以降のガス販売量の推移

(単位：千万m³, 46.04655MJ)

	1995年	1996年	1997年	1998年	1999年	2000年
ガスの総販売量	1,894	1,972	2,035	2,074	2,192	2,292
一般ガス事業者の総供給量	1,894	1,971	2,029	2,062	2,177	2,274
一般ガス事業者の大口供給量	373	575	628	644	715	826
新規参入者による大口供給量	0	1	6	13	15	18
全大口供給量	373	575.7	634	656.7	729.53	843.2
一般ガス事業者の総供給量に占める大口供給の割合	19.7%	29.2%	31.2%	31.7%	33.3%	36.8%
全大口供給量に占める新規参入者の割合	0.00%	0.12%	0.95%	1.90%	2.05%	2.09%

○新規参入者は平成14年7月時点で10事業者。(供給件数は計25件)
出典：経済産業省

またガス事業者の経営自主性の尊重については，それまでの事前規制型（事前の許可・認可）から事後監視型・ルール透明型行政（事前届出＋事後改善命令）に改めること，可能な限り行政の関与を小さくすることを基本に置き，規制が緩和・改革された。これら事業規制の改革に平行して，安全規制についても見直しが進められた。事情規制同様「事後監視型・ルール透明型行政」への移行を基本とし，行政の関与を最小限とする，ガス事業者の自己責任に基づく自主保安体制へと移行した。

今回の改正ガス事業法の附則には「改正後3年経過時の更なる法改正の必要性を検討すること」が規定されており，この改正は規制緩和・改革の最終形ではなく，あくまでその途中の段階であると考えられている。

(2) 電気事業法の改正

ガス事業法同様，電力の供給全般を規制する電気事業法についても，その規制の緩和・改革が行われてきた。前述したとおり，日本で使用される天然ガスのうち約70%は発電分野で使用されており，電気事業法における規制の緩和・

改革が日本の天然ガス利用に大きな影響を与えるものである。

電気事業法は，1995年，1999年と2回法改正がされ，ガス事業同様段階的に規制の緩和・改革が進められているが，以下では特に天然ガスの利用促進と関係が深い内容に絞って言及する。

卸電気事業分野の自由化（独立発電事業者）　1995年12月

電力事業分野の規制緩和の第1段階として行われたのが，卸供給事業者制度の創設である。一般電気事業者に対する電力の卸販売については，それまでも卸電気事業者として許可を受けた事業者が，安定供給の一翼を担うという観点から厳しい規制の下で，卸販売を行ってきた。しかし昨今，発電技術の進歩とともに電源の小規模化が可能となり，需要地付近での中小規模の電源立地が進んだことにより，発電分野への参入が容易になった実情を踏まえ，小規模の卸販売について，参入規制を撤廃するなどの規制緩和が行われた。

本制度の導入は，発電分野への新規参入者に適切な参入機会を確保し，競争原理を導入することで，発電ビジネス全体を活性化させ，ひいては電力事業全体としてより効率的な供給体制を実現することを目指すものであった。

この結果，一般電気事業者によって電力調達について入札（IPP入札）が実施され，自家発電設備を持つ多くの事業者等が新規に参入し，発電市場が活性化した。

電力小売の部分自由化（特定規模電気事業）　2000年3月

電力事業分野の本格的な自由化のスタートとなったのが特定規模電気事業の創設である。従来の電気事業分野では，ガス同様，自家発電設備など一部の例外を除き，原則として1地域について1電力事業者に独占的な電力の供給を認め，その代わりに料金等について各種の規制を課すという形態であった。しかし需要家の中には，多くの電力を消費する，特に産業用の需要家については，自家発電設備を持つことにより「自ら発電する」という選択肢を持ちうるという意味において，一般電気事業者と供給条件について相対で交渉する力を持っていると思われる需要家も混在し，一律の規制下に置く必要性が小さくなっていた。

この実態を踏まえて，電気の使用規模2,000kW以上で2万V以上の特別高圧系統で受電する大規模な需要家の電気供給については，規制を最小限とする，小売の自由化（特定規模電気事業の創設）が行われた。自由化分野の規制については，料金については原則自由，参入についても緩やかな規制とする，完全自由市場に限りなく近い制度となった。この法改正で小売自由化の対象となった需要家数はわずか8,300件程度であったが，一般電気事業者が販売する30％弱の量が対象となった。

　この結果，商社や電気通信事業者やガス事業者の子会社など多様な産業からの電力市場への新規参入が進んだ。これら新規参入者は自家発電設備を持つ工場などの余剰電力を集めたり，自ら天然ガスなどを原料にした発電所を建設したりするなどして電源を確保した上で，自由化対象となる需要家と直接交渉し，料金等の供給条件を決定し，最終的に電力供給を行った。この結果，2003年1月時点で，11の新規参入者が計36件（届出ベース）の需要家に対して供給を行い，また行う予定となっている。新規参入者のシェアは小さいが，今後新規参入者による発電所の建設が予定されており，ますます増加していくものと考えられている。

　これらの電力事業分野における規制緩和・改革は，発電分野における天然ガス需要の増大という形で，これからの天然ガス需要の増大に寄与していくものと目されている。

3．展望

　天然ガスの利用分野に関する規制緩和・改革の進展とともに，日本のエネルギーセキュリティー観点から，また温暖化ガス排出削減観点からも，今後更なる天然ガス利用の促進が提言されているところであり，天然ガスの需要が伸びていくことは疑いようのないことである。

　2001年7月に国のエネルギーの基本政策の決定において重要な役割を果たす総合資源エネルギー調査会総合部会・需給部会がまとめた報告書には，今後の

日本の1次エネルギーにおける天然ガスの重要性と今後の更なる利用の促進が報告されている。また同調査会の石油分科会開発部会天然ガス小委員会においては，今後の天然ガスの利用促進について，現況の分析と今後の課題，そのために取るべき方策などについて，需要の見通し，供給の確保，利用拡大のための課題と対策，などさまざまな観点からの議論が行われた。

またこれらに並行する形で，天然ガス消費の大部分を占める，電力分野，ガス分野の規制のあり方についても，電力事業分科会，都市熱エネルギー部会でそれぞれ審議が行われ，更なる自由化分野の拡大，競争市場の整備など，規制緩和・改革を推進する方向でとりまとめがなされており，それを踏まえた電気事業法，ガス事業法の改正が平成15年春の国会審議を経て公布され，平成16年春には施行される予定である。

これらの天然ガスを取り巻く諸情勢は，日一日と変化することが予想され，今後も目を離すことができない。

[注]

1) 橘南谿「東遊記（とうゆうき）」という書物の中に，現在の新潟県三条市付近で井戸から天然ガスを竹のパイプを使って使用していたとの記述がある。
2) 大正期以降，新潟県の一部のガス事業者（現・越後天然ガス㈱等）が，供給するガスの原料として近隣のガス田から取れる天然ガスを利用していた。前述の江戸時代における局地的な天然ガスの利用の延長であるが，「ガス事業の原料としての天然ガスの導入」との意味で言えば，これが日本初ということになるであろう。また昭和7年には大多喜天然ガス㈱も首都圏近隣で天然ガスを原料とした都市ガス事業を開始した。
3) 原油価格のアジアプレミアムと比較した場合，LNGの割高感は原油を遥かに上回る。過去10年間のアメリカと日本の原油価格を比較してみると，おおむね1バレルあたり1.5ドル程度の差に留まっており，LNGほどの割高感はない。
4) 昨今の規制緩和の流れの中で，電力会社等が天然ガスを供給（大口ガス事業とし

て）に開始している事例など，一般ガス事業者以外によるガスの供給が始まっている。

なお日本では，ガスを供給する事業は大きく分けると，広範なパイプライン・ネットワーク供給である一般ガス事業と，局地的なパイプライン・ネットワーク供給である簡易ガス事業と，需要場所に原料を置きパイプライン・ネットワークには拠らずボンベやバルクなどを用いて供給する液化石油ガス事業（いわゆるプロパンガス）の3種類が存在し，適用される法律も違うなどガスを供給する事業という意味では同じであるものの，異なるものとして考えられている。しかしながら現行の制度上，天然ガスを原料としたガスを供給し得るのは一般ガス事業者のみであることに鑑みて，ここでは一般ガス事業に限って言及した。

5) シェル，三菱商事が主体となっているサハリン2については，パイプラインではなくLNGでの輸出を予定しており，すでに東京電力㈱，東京ガス㈱が購買の意思表示をしている。

[参考文献]

日本エネルギー経済研究所［1986］『戦後エネルギー産業史』，東洋経済新報社.
日本ガス協会［1997］『日本都市ガス産業史』
資源エネルギー庁編［2001］『エネルギー2002』，エネルギーフォーラム社.
日本エネルギー経済研究所エネルギー計量分析センター［2002］『エネルギー・経済統計要覧』，㈶省エネルギーセンター.
石井　彰・藤　和彦共著［2002］『21世紀のエネルギーベストミックス』，ぎょうせい.
熊崎　照［2002］『ガス体エネルギー』，オイルリポート社.
内閣府国民生活局編［2002］『公共料金の構造改革』，財務省印刷局.
内閣府編［2002］『国民生活白書　平成13年度版』，ぎょうせい.
経済産業省各種審議会資料
経済産業省HP　http://www.meti.go.jp
エネルギー経済研究所HP　http://eneken.ieej.or.jp

第6章

アジアの天然ガス産業

武石礼司

第1節 アジアの天然ガス

1．アジア諸国のガス埋蔵量

アジア諸国のガス埋蔵量を，世界の中の順位で示すと，2002年末で，インドネシアが11位（2.62兆m^3），マレーシアが14位（2.12兆m^3）である。中国は21位に止まる（1.51兆m^3）。表6－1で示すように，中国のガス埋蔵量はインドネシアおよびマレーシアよりも少なく，このため今後のガス需要量の増大につれて，中国が海外に供給先を確保する必要が生じることは明らかである。中国に続いてアジアでの天然ガスの埋蔵量順位を見ると，インド，パキスタン，ブルネイ，タイ，パプアニューギニア，バングラデシュ，ベトナムが続いている。

天然ガスの生産量（2002年順位）は，アジアで第1位はインドネシアで706億m^3となっている。第2位はマレーシアで503億m^3である。第3位は中国で326

表6－1　アジア諸国の天然ガス埋蔵量

	1981年末 兆m^3	1991年末 兆m^3	2000年末 兆m^3	2002年末		2002年 生産量 10億m^3	2002年末 R/P Ratio
				兆m^3	世界全体に占める比率		
インドネシア	0.78	1.84	2.05	2.62	1.7%	70.6	37.1
マレーシア	0.54	1.67	2.31	2.12	1.4%	50.3	42.1
中国	0.69	1.00	1.37	1.51	1.0%	32.6	46.3
インド	0.35	0.73	0.65	0.76	0.5%	28.4	26.8
パキスタン	0.46	0.64	0.61	0.75	0.5%	20.9	35.9
ブルネイ	0.20	0.32	0.39	0.39	0.3%	11.5	33.9
タイ	0.34	0.39	0.33	0.38	0.2%	18.9	20.1
バングラデシュ	0.20	0.72	0.30	0.30	0.2%	11.2	26.8
ベトナム	－	－	0.19	0.19	0.1%	－	－
その他アジア	0.21	0.74	0.87	1.04	0.7%	16.5	63.0
アジア合計	3.77	8.05	9.07	10.06	8.1%	260.9	38.6
世界合計	82.44	123.97	150.19	155.78	100.0%	2,464.0	63.2

（資料）BP統計より作成

億m³，第4位はインドで284億m³である。ガス生産量の推移を見ると，インドネシアは近年生産量の伸びが止まっていたが2002年には増大した。マレーシア，中国，インド，パキスタン，タイは，ともに生産量を増大させてきている。アジア諸国における天然ガス消費量の長期的な推移の中で目を引くのは，日本，そして近年では，中国および韓国のガス消費量が着実に増大している点である。また，インドのガス消費量も着実に増加してきている。一方，インドネシアの消費量は停滞気味である。

2．天然ガスの輸出入

アジア諸国内において，パイプラインで国境を越えて供給が行われているのは，表6-2で示すように，2002年では，インドネシアからシンガポール，マレーシアからシンガポール，ミャンマーからタイ向けの3カ所に止まっている。アジア諸国内でパイプラインにより輸出入されるガス量も，世界全体の輸出入量（4,313.5億m³）と比べると少なく，2002年で79.6億m³（1.8％）である。

アジア諸国内向けに輸入されるガスはそのほとんどがLNGとして輸入されており，表6-3で示すように，輸入国は，日本，韓国，台湾の3カ国である。今後，中国がLNG輸入を2005年から開始する予定である。また，インドもLNG輸入を開始する予定である。

LNGの輸入は，米国からの輸入は日本向けのみとなっている。オマーンか

表6-2　パイプラインによるガス輸出入量（2002年）

（単位：10億m³）

To	From			
	インドネシア	マレーシア	ミャンマー	輸入合計
シンガポール	1.50	0.26	—	1.76
タイ	—	—	6.20	6.20
輸出合計	1.50	0.26	6.20	7.96

（資料）Cedigaz.

表6-3 アジアのLNG輸出入量（2002年）　　（単位：10億 m³）

輸入国＼輸出国	米国	オマーン	カタル	UAE	オーストラリア	ブルネイ	インドネシア	日本	マレーシア	韓国	合計
日本	1.70	1.09	8.40	5.93	9.72	7.95	23.40	—	14.50	0.05	72.74
韓国	—	5.48	6.95	0.32	0.24	1.04	6.78	0.15	3.10	—	24.06
台湾	—	—	—	—	—	—	4.15	—	2.85	—	7.00
合計	1.70	6.57	15.35	6.25	9.96	8.99	34.33	0.15	20.45	0.05	103.80

(資料) Cedigaz.

らは主として韓国が輸入しており，日本も一部輸入を行っている。カタルからは日本および韓国が大量に輸入している。UAEからは主として日本が輸入し，韓国も若干量輸入している。オーストラリアからは，日本が大量に輸入しており，韓国も若干量輸入している。ブルネイからは日本が多量に輸入している。また，韓国もブルネイから輸入している。インドネシアからは，日本が極めて多くの量を輸入している。また，韓国，台湾も輸入している。マレーシアからは，日本が多量の輸入を行っているほか，韓国，台湾が輸入している。なお，2002年の統計で見ると，日本から韓国向けと，韓国から日本向けのLNGの再輸出が行われている。

アジア諸国のLNG輸入先を見ると，2002年では，インドネシアが第1位，次いで，マレーシア，カタル，オーストラリア，ブルネイ，オマーン，UAEの順となっている。地域的に見ると，日本では輸入先においてアジア諸国のブルネイ，インドネシア，マレーシアの合計が占める比率が61％であり，アジアからの輸入に多く依存している。中東諸国（オマーン，カタル，UAE）の占める比率は27％である。一方，韓国では，アジア依存度は45％であり，中東諸国の占める比率が53％と大きい。台湾は，インドネシアとマレーシアのみから輸入しており，アジア依存度が100％となっている。

3．ガス需要予測

アジアにおけるガス需要の予測の数値を見る。国際エネルギー機関（IEA）が出した予測によれば，図6-1で示すように，ガス需要の伸び率は特に南ア

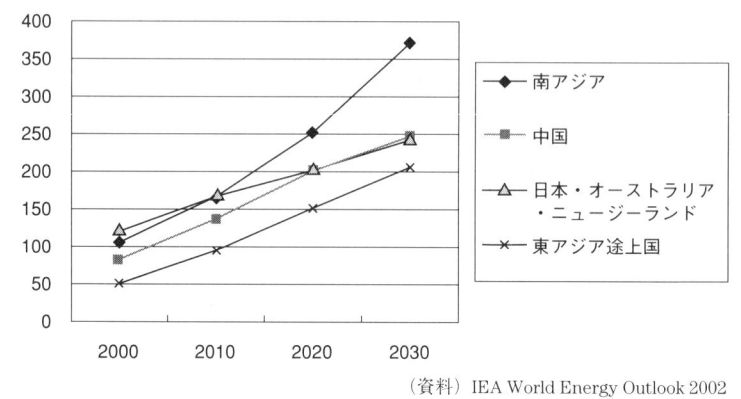

（資料）IEA World Energy Outlook 2002

図6－1　アジアのガス需要の予測（単位：10億 m³）

ジアで高く，2000年から2030年の間，年率で4.3％に達すると予測される。ガス需要量の合計で見ても，南アジアが，中国を上回り，また，日本とオセアニア諸国の合計量をも上回ると予測される。確かに，南アジアのインド，パキスタン，バングラデシュのガス需要量は近年着実に伸びてきている。エネルギー需要も今後も着実に伸びると予測されており，今後の消費量の増大が，このIEAの予測のとおりに進むかは，ガス供給のインフラ整備が予定されたとおりに進むかにより決まってくると見られる。

　また，日本を除いた東アジアの諸国のガス需要量も2000年から2030年において年率4.7％で増大するとの急速な伸びが予測されている。ここでも，ガス供給のインフラの整備がどこまで進むか，特に国内パイプライン網の整備の進捗次第で消費量の推移には差が生じると見られる。

　その他，中国の2000年から2030年の伸びは年率3.7％，日本・オーストラリア・ニュージーランドの合計では，2000年から2030年の伸びは2.3％と予測される。

　このようにして，2000年においては，アジアを4つに地域分けした際に，日本・オーストラリア・ニュージーランドの合計が一番多くて1,220億 m³，次いで南アジアが1,050m³，3番目が中国で830億 m³，最後に東アジア途上国の合

計が51億m³であったものが，2020年においては，ガス需要が急増する南アジアが3,730億m³，次いで中国が2,480億m³，3番目が日本・オーストラリア・ニュージーランドの合計で2,430億m³，4番目が東アジア途上国の合計で2,050億m³となると予測されている。

第2節　北東アジアの天然ガス

1．極東と東シベリア

ロシアの極東地区およびサハリンでは，石油とともに豊富なガス資源の存在が確認されている。サハリンにおいてガス資源の開発と生産が順調に進んでおり，したがって，今後，日本にとって，サハリンの重要性はいっそう高まると予測できる。

サハリンプロジェクトでは，2つのプロジェクトが同時に開始している。サハリン1プロジェクトでは，エクソン・モービル（30％），サハリン石油ガス開発（日本側コンソーシアム30％），その他，インドのONGC（20％），サハリン・モルネフテガス（11.5％），ロスネフチ（8.5％）の事業構成となっている。開発費用は120億ドルに達する。サハリン沖のチャイウォ鉱床を中心に開発し，計画ではパイプラインにより日本向けにガス輸出を行いたいとしているが，まず，原油生産が先に開始され，生産量は最大では年間25万バレルとなる予定である。原油埋蔵量は23億バレル，ガス埋蔵量は4,800億m³である。

サハリン2プロジェクトは，シェル（55％），三井物産（25％），三菱商事（20％）で構成される。プロジェクト総額は100億ドルである。サハリン沖のルンスコエ鉱床とピリトゥ・アストフスコエ鉱床を開発し，ガスをLNG化して2006年より輸出開始する予定である。1999年より石油生産を一部開始しており，投下資金の早期回収を図っている。日本に近いサハリンからLNG輸入が可能となれば，中東からのLNGに依存する度合いが高い一部電力会社にとっ

ては供給源の多角化と，安定供給の確保に即座に結びつく。ガス会社にとっても，近距離からの入手可能性があることは望ましい。サハリン2プロジェクトの石油埋蔵量は7.5億バレル，ガス埋蔵量は4,000億m^{3}である。

2．中国

　中国での石油とガスの開発と生産は，海上ではCNOOCが実施している。陸上では1998年より，CNPC（およびその子会社の中国石油：Petro China）とSINOPECの2社が担っている。石油生産部門が主力であったCNPCと，石油精製分野が強かったSONOPECの2社が再編されて垂直統合されており，万里の長城を境にして，その外側がCNPC，内側がSINOPECとの地域割りを行って，それぞれが石油生産から精製，販売までの業務を一貫して実施している。外国企業は陸上においてはCNPCおよびSINOPECとPS契約を締結して，探鉱・開発・生産を実施している。海上においては，CNOOCとのPS契約による探鉱・開発・生産が行われている。

　CNPCの保有するガス資源としては，新疆ウイグル自治区のジュンガル盆地，陝西省，甘粛省，寧夏回族自治区および内蒙古自治区等のオルドス盆地，四川省の四川ガス田がある。

　現在，北京ではガス利用の拡大が進められており，オルドス盆地から北京に向けたガスパイプラインの敷設が行われて，ガス供給が開始されており，供給量はさらに増大する予定である。四川ガス田のガスは重慶直轄市等で利用されており，今後は湖北省，武漢方面でも利用される計画がある。

　また，タリム盆地で発見されたガスを東部地域まで4,200kmにわたり送る「西気東輸」（West to East Pipeline）計画が進められている。このプロジェクトで，シェルが中心となり，ロシアのガスプロムおよびエクソン・モービル，SINOPECが加わってパイプラインの敷設が開始されている。このパイプライン・プロジェクトは，上流部門から下流部門までを含む一貫統合型の計180億ドルを要する巨大プロジェクトである。今後の課題としては，タリム盆地で発

見されているガス埋蔵量が20年分程度生産する量しかないという点にある。今後，パイプライン敷設の採算性を確保するためには，40年程度安定してガスを供給することが必要とされている。タリム盆地で十分なガス資源が今後発見されない場合には，中央アジア地域からのガスをこのパイプラインにつなぎ込んで流すことが視野に入ってくる可能性がある。

その他，ロシアのイルクーツク地域の1兆 m^3 を超える埋蔵量を持つコビキタ（Kobykta）ガス田から，ガスをパイプラインで輸入する計画が存在している。供給ガス量は年間300億 m^3 の大型プロジェクトで，総額は120億ドルを要する見積もりである。ガスの一部は，中国を経由したあと，韓国のガス会社KOGAS向けに供給することが検討されている。このプロジェクトには外資企業としてはBPが加わっている。

次に，中国の海洋での石油・ガス生産について見ると，海洋での生産を担うCNOOCのガス生産量は，年間50億 m^3 に達している。鶯歌海でARCO（現BP）が発見した崖城13-1ガス田（Yacheng）からのガス生産が90年代半ばから開始されており，香港および深圳地域に向けて送られている。また，東シナ海では，平湖ガス田が発見されており，上海に向けてガスが送付されている。

中国の南East沿岸地域では，ガス供給増大のためにLNG基地建設が行われており，広東省の深圳では，中国初のLNG基地が建設されている。2005年からオーストラリア北西大陸棚のガスを，年間300万トン輸入する予定である。ガスは発電用に利用される計画で，320MWのガス火力6基と，さらに石油火力（1.8ギガワット分）がLNGからの燃料供給を受ける。このプロジェクトの開始に当っては，オーストラリアのほかに，インドネシアのタングー・プロジェクトおよびカタルのラスガス・プロジェクトが入札に参加した。供給価格が日本向けLNG価格と，欧米のパイプライン渡しの価格との中間に来る百万BTU当り3ドル程度と言われており，このオーストラリアNWSプロジェクトが引き金となり，今後のアジア向けのLNG価格が大幅に引下げられる可能性が生じることになった。さらに2カ所目のLNG基地が福建省に建設される計画である。

3．韓国

　韓国のガス需要量は，1990年代に進められた幹線ガスパイプラインの整備とともに拡大してきた。1次エネルギーに占めるガスの比率は1割を超えており（2001年で石油換算2,000万トン），今後もガス需要が堅調に増えることで，政府見通しによると2020年では1次エネルギーに占めるガスの比率は15％に達する予定である。

　従来，韓国の電力供給は原子力と石炭に大きく依存してきたが，近年はLNG火力の比重が高まってきている。2001年で発電電力量にLNGが占める比率は11％である。同年度において，原子力と石炭はともに39％である。一方発電所での石油消費は減少に向かっており，2001年で10％である。

　韓国では，国内ガス生産はほとんどないために，ガスはほぼ全量がLNGとして輸入されている。1986年からLNGの輸入が開始されている。韓国のLNG輸入先は中東が過半を占めており，2001年では，中東諸国のオマーン，カタルそれに若干量であるがUAEからの合計が56％となっている。インドネシアおよびマレーシア等のアジアからの輸入比率は42％に止まる。

　韓国では，従来は，国営のガス公社であるKOGAS社がガスの輸入と卸売りを独占して行ってきた。韓国内に敷設された幹線ガスパイプラインおよびLNG受入基地の操業・管理も，KOGASが担ってきた。現在KOGASは一部民営化されており，1999年に33％の株式が公開されている。KOGASが幹線ガスパイプラインおよびLNG受入基地を独占的に保有・管理してきたが，第三者アクセス（TPA）による参入の自由化が検討されている。幹線ラインの保有・操業会社のほかに，ガス輸入と卸売りを行うその他の2社が設立される計画がある。その他，鉄鋼会社によるLNG受入基地新設の計画もある。また，韓国内に幹線パイプラインが存在することから，ガス火力によるIPPの参入が容易な状況が生まれており，外資企業の新規発電所の計画も存在している。今後，様々な計画の存在が報道されていくと予測される。

　韓国では，電力会社のKEPCO傘下の火力発電会社5社も民営化の途上にあ

り，これら発電会社に対してもLNGの輸入権が，将来的には与えられる可能性がある。ただし，KOGASの民営化が進み，制度の整備が一定程度終らないと，LNGの輸入に関する輸出国との交渉を開始できない状況がある。しかも，韓国のLNG長期契約は2007年頃に相次いで更改の時期を迎えるために，今後，韓国におけるLNG契約の交渉担当窓口がどこになるかが注目されている。民営化されたガス会社に加えて，製鉄会社（浦項製鉄；POSCO），発電会社（5社）等がLNG輸入権を保有する際には，現在よりもスポットものを求める契約を追及せざるを得ないと考えられるからである。現在でもすでに韓国のガス需要量の6割超が都市ガス向けであり，残りが発電向けである。今後も都市ガス向けの需要量は急増を続け，一方，発電向けの需要は漸増に止まる見通しである。寒さの厳しい韓国では，冬季の都市ガス需要は夏季の2倍を超えるために，季節ごとの需要変動を組み込んだ契約内容となっていることが必要である。今後韓国企業が，LNG契約において従来から存在してきた仕向け地規制等の制約を，1つずつ緩和するための交渉を行っていくに違いないとの見方がされており，アジアにおけるガス需給の様相を様変わりさせる発信源として，韓国の今後の役割が注目されている。なお，韓国では東南側の海岸の沖合でガス（埋蔵量57億m^3）が発見されており，2003年から国内需要の2%を満たすことができる程度のガスがKNOCにより生産される予定である。

さらに，韓国では，ロシアのコビキタ・ガス田から，ガスをパイプラインで輸入する計画を検討している。年間100億m^3から最大では300億m^3のガスを，ロシアから中国，さらには可能なら北朝鮮経由で輸入する計画である。ロシア，中国および韓国の3カ国によるプロジェクトのFSは2003年7月に完了している。

4．台湾

台湾は，LNGをインドネシアとマレーシアから輸入している。輸入量は400万トンを超えており，今後も増大する見込みである。台湾国内のガス生産量は

2000年で7億m³であり，消費量69億m³との差はすべてLNGとして輸入されている。

台湾のガス需要は，今後も増大すると予測されており，2005年の700万トン（94.5億m³）の需要予測が，2010年には1,080万トン（149億m³）にまで増大するとの予測が出されている。エネルギー分野で規制緩和が進められており，台湾企業に，日本企業が加わったコンソーシアムが形成されて，新規のLNG基地の建設が進められている。

第3節　東南アジアの天然ガス

1．インドネシア

インドネシアでは，1968年に設立された国営石油会社のプルタミナ（Pretamina）が石油・ガス生産を担ってきた。外国石油会社が石油およびガスの生産を実施するときも，従来は，プルタミナとのPS契約の締結により利益を分け合ってきた。

ただし，プルタミナの独占を排除する目的から，ガスのパイプラインによる輸送と販売については，プルタミナとは別の会社であるPGNが設立されてこの会社が実施している。

同国では，ガス生産はインドネシア政府100％保有の国営石油会社が実施しているほか，シェブロンテキサコの子会社のカルテックスがスマトラ島で実施している。その他，BPがジャワ島の北側，東側で生産を行っている。BPはイリアンジャヤでも，大規模なガス田を発見している。

LNG輸出は，1977年の日本向けから開始されており，石油生産量の減退が続く中で，同社の大きな収益源となっている。パイプラインによるガス輸出の計画も稼動しており，シンガポール向けのガス輸出が始まっている。

インドネシアのLNG輸出能力は，カリマンタンのボンタンが7トレイン合

計で1,830万トン, スマトラ島のアルンが6トレイン合計で1,200万トンとなっており, 世界最大のLNG輸出国である。なお, スマトラ島のアルンのLNG施設は2001年にスマトラ島アチェの民族抗争の影響で操業を停止した。また, アルンの液化施設のうち2トレインは, ガス生産量の減退を受けて2000年に操業停止した。今後は, イリアンジャヤでのLNGプロジェクトが開始するときには, この2トレインを取り外して, イリアンジャヤに運ぶことができるかが検討されているところである。

同国の主要ガス生産地域は, スマトラ (特に北部のアルン・ガス田), カリマンタン (同島東部のバダック・ガス田), ジャワ島 (同島北西部沖合, および同島東部沖合のKangean鉱区) であり, その他イリアンジャヤでも大規模なガス田が発見されている。イリアンジャヤのガス田はBPがオペレーターであるタングー・ガス田で, 年間600万トンのLNG輸出を開始したいとしている。ただし, 輸出先がまだ確定しておらず, フィリピン, 米国, メキシコが候補としてあがっている。また, マレーシアに近いナツナ鉱区では, 東南アジア最大のガス田 (埋蔵量1.3兆m^3) が発見されている。

インドネシアからのパイプラインによるガス輸出としては, ナツナ海のBブロックから生産されるガスが, パイプラインでシンガポールに2001年より輸出されており (契約量は年間34億m^3), さらに, マレーシアの東岸に向けて, ペトロナスのデュオン (Duyong) 油・ガス田の搬出施設にパイプラインをつなぎ込む計画が存在している。

その他, インドネシアではシェル社がガスの新しい用途としてGTL (Gas to Liquid) プラントを建設する計画を持っている。日量7万バレルのGTLを生産する計画である。

2. マレーシア

マレーシアでは1974年に設立された国営石油会社のペトロナス (Petronas) が, 石油・ガスの開発権の外国企業に対する付与から下流の石油製品販売にま

でおよぶ，広範な役割を果たしてきた。ペトロナスは，政府が100%株式を保有しており，同国経済の基盤をなす重要な存在である。1997年にマレーシアを金融危機が襲った際にも，最終的にはペトロナスの信用力を後ろ盾にして，同国政府は経済危機をしのぐことができた。ただし，今後は，ペトロナスの石油ガス産業における独占的地位が変更される政策の導入が進められる予定となっている。同国はガス資源に恵まれており，熱量換算で，ガスは石油の3倍に当る埋蔵量がある。

　マレーシアに進出した外国石油企業のうち大きな役割を果たしているのは2社あり，マレー半島の東側の沖合で，エクソン・モービルが石油とガスの生産を行っている。エクソン・モービルの石油生産量は，マレーシア全体の日量60万バレルから70万バレルの生産量の過半である30万バレル超となっている。

　一方，サラワク州の沖合では，シェルが石油とガスの生産を行っており，1983年からシェル社のMLNGプロジェクトのLNG輸出が行われている。液化設備の能力は，6トレインの合計で1,590万トンに達している。1995年からは，韓国と台湾向けにもLNG輸出が開始されている。その後，MLNG Duaプロジェクトの実施によりLNG輸出量は1996年より増量され，さらに，2003年から日本企業が加わった新規のLNGプロジェクト（MLNG Tiga）が開始されている。MLNG TigaのLNG輸出量は，年間340万トンである。最大では760万トンに達する計画である。こうして，マレーシアのLNG輸出量の合計は，年間2,300万トン（317億m^3）まで増大する予定である。

　マレーシアの半島内には幹線ガスラインが敷設されている。沖合のガス田からガスが半島の東海岸のケルテに陸揚げされ，その後一旦南下したガスラインはシンガポール向け輸出ライン（年間15億m^3）を分岐させた後，北上して首都のクアラルンプールエリアにガスを供給している。現在はさらにガスパイプラインは北に向かって敷設されており，タイ国境に至っている。

　マレーシアの国営石油会社ペトロナスは，マレーシア東岸の遥か沖合において，インドネシアのプルタミナからコノコが西ナツナ海で生産するガスをパイプラインで輸入する計画を作成している。

3. タイ

　国営石油会社 PTT (Petroleum Authority of Thailand) が1978年に設立されており，タイでの石油・ガス開発と生産・販売を担ってきた。2001年12月に PTT の一部民営化が実施されたが，国の持分は75％あり，依然として，ガス供給はPTT の独占状態にある。ただし，現在幹線ガスラインに対するサードパーティアクセス制度の導入が進められており，ガス部門での自由化が進行中である。

　タイ湾では1974年に最初の商業量のガス田が発見され，その後も新規のガス田の発見が相次いできた。ガス生産量は2002年で189億 m^3 に達しており，消費量は259億 m^3，埋蔵量は3,800億 m^3 である（2002年末）。タイ湾でのガス生産には外国企業が参加しており，ユノカル社，シェブロンテキサコ社がガス生産に携わっている。

　タイの工業が発展するに従い，ガスに対する需要が急増してきた。タイでは，自国内で生産されるガス資源の有効利用が目指されてきており，すでに発電電力量の60％がガス焚き火力となっている。タイの電力会社の EGAT (Electricity Generating Authority of Thailand) は，石油焚きの火力発電所を，2001年までにすべてガス焚きに転換している。一方，PTT はバンコク周辺地域へのガス供給ライン網の整備を進めており，第3次のガスマスタープランの実施によりバンコクを環状に結ぶ供給ライン（Bangkok Gas Ring）が整備され，産業用のガス需要の増大に応える計画である。

　タイ湾からのガス生産量の増強のためのパイプラインの建設を始めとした投資も行われてきた。ただし，それでも自国内でのガス生産のみでは不足してしまっている。このため，ミャンマーとの間で，ヤダナ（Yadana）ガス田およびイェタグン（Yetagun）ガス田からタイに向けたパイプラインを敷設して，1998年および2000年からガス輸入をそれぞれ開始している。タイ国内のラチャブリ（Ratchaburi）等のガス火力発電所が完成するとともに，ガス需要はさらに増大する見込みで，ミャンマーからのガス輸入量は，今後，年間93億 m^3 まで増大していく予定である。ガス消費量が増大し，ガスへの依存度が上昇すること

で，今後，タイにおける石油消費量の対外依存度の低下が可能となる。

マレーシアとタイの海上にはガス資源が豊富に存在しており，両国は共同で開発するために共同開発地域（JDA：Joint Development Area）を設定して開発を行ってきた。ガス埋蔵量は3,680億m³，タイに向けた生産量は年間40億m³に達する予定となっており，早期の生産開始が目指されてきたが，1997年に生じた経済危機の影響から実施時期に遅れが出ている。

4．シンガポール

シンガポールはガスを全量国外から輸入しており，マレーシアからパイプラインで輸入するほか，インドネシアの西ナツナ海域からのガスを400kmのパイプラインにより輸入している。また，インドネシアの南スマトラからのガスを480kmに達するパイプラインで，インドネシアのバタム島経由で輸入する計画も進められている。供給源の多様化にシンガポール政府は積極的に取組んできており，その成果が出てきている。

5．フィリピン

フィリピンでは850億m³を超えるガス埋蔵量が確認されているが，ガス利用は進んでいなかった。フィリピンのガス埋蔵量のほとんどが，パラワン島の沖合で発見されたマランパヤ（Malampaya）ガス田に存在している。このガス田は水深が850mのところにあり，このガス田の開発とマニラ近郊まで600kmのパイプラインによる輸送のために，総額45億ドルが費やされる予定である。オペレーターのシェル社は，マニラ南方のバタンガスの発電所3カ所にガスを供給する。発電所の発電能力の合計は2,700MWに達する予定である。第1段階のガス供給は2001年に開始されている。最大限では年間51億m³のガス供給が予定されている。

今後，フィリピンではガス消費量を増大させる計画が作成されている。政府

は2011年のガス消費量を年間425億 m^3 と計画している。今後，フィリピンにおいても LNG を輸入する計画がある。

6．ブルネイ

シェル社の前身となる会社が，1900年代の初めから，現在のブルネイの地域で石油探査を開始していた。探査が進むとともに，石油およびガスの埋蔵量が増大した。こうして1974年から，日本向けの LNG 輸出が開始された。その後韓国向けにも LNG 輸出が行われている。

ブルネイのガス埋蔵量は3,900億 m^3 であり，ブルネイでは，既存のラムット（Lamut）の LNG プラントを2008年までにさらに400万トン／年拡張する計画が作成されている。

7．ベトナム

1975年の社会主義政権設立以降，旧ソ連の出資した Vietsovpetro 社が沖合油田の開発を進めてきた。1977年には国営石油会社の Petrovietnam 社が設立された。1988年からは欧米日等の外国石油企業が鉱区を取得して石油探査と開発・生産を開始している。

ベトナム沖合の油・ガス田からのガス生産とその利用を目指して，567億 m^3 と推定されるガスを利用した発電を行うナムコンソン・プロジェクトが，総額13億ドルを費やす予定で進められている。沖合370kmから産出されたガスは，ホーチミン市近傍3カ所のガス火力発電所の燃料とされる予定である。現在のベトナムでの電力需要の4割を賄える発電能力を，これら3カ所のガス火力発電所で持つ予定である。

8. ミャンマー

ミャンマーでは国営のミャンマー石油会社（MOC）が1970年に設立されて，石油とガスの開発・生産・販売を担ってきている。その後同社は，1985年にMOGE（Myanmar Oil & Gas Enterprise）と改称され，外国石油会社とPS契約を締結するとともに，石油とガスの探査・開発・生産を統括してきている。同国では軍事政権が続き，対外開放政策の導入が遅れたために，国内のエネルギー供給不足が深刻化した。軍事政権下で石油・ガス資源の探査が1990年代に外国企業により行われた結果，ヤダナ（Yadanaガス田：1,600億m^3）およびイェタグン（Yetagunガス田：900億m^3）が発見された。タイに向けたパイプラインによるガス輸出は，Yadanaガス田からは1998年に（輸出量は最大で年間54億m^3），Yetagunガス田（輸出量は最大で年間21億m^3）からは2000年に開始している。Yadanaガス田からは，首都のヤンゴンでのガス火力発電所向けの供給が開始しているほか，肥料工場等での利用も始まっている。

第4節 南アジアの天然ガス

1．インド

インドのガス埋蔵量の7割は，ムンバイの沖合のボンベイハイと呼ばれる海域に存在している。従来は，石油生産とともに産出した随伴ガスは焼却処分されており，有効利用が図られなかったが，現在は収集設備の設置が進められている。ボンベイハイでの石油生産量の減少，とそれに伴う随伴ガス生産量の減少を受けて，国営石油会社ONGCは，2001年から5年計画で，今後インドの東側および西側の大水深からのガスおよび石油生産の増大に取組む計画を発表している。

ガスの消費量は，エネルギー全体の8％である（2000年）。ガス消費量は急

増中で，1990年の125億m³が，1995年には196億m³となり，さらに2002年には282億m³まで増大している。今後2025年には，ガスが全エネルギー消費に占める比率を2割にまで拡大する計画がある（Indian Hydrocarbon Vision 2025より）。そのためには国内のガスパイプライン網の整備が必要であり，政府機関のGAIL（Gas Authority of India Ltd.）が整備を進めている。また，LNGによる国外からガスを輸入する必要があり，現在，多数の計画が立案されており，競合状態にある。計画されているLNG輸入基地建設のプロジェクト数は，少なくとも12件に達している。ガスの消費先として最大のものはガス発電所であり，特に海岸沿いの地域に多くのガス火力発電所を建設する計画が立案されている。

グジャラト州では，インド企業のONGCとOILにフランス・ガス公社（GdF）が加わったLNG輸入計画が作成されている。LNGはカタルから輸入する計画である。その他，シェル社はオマーンからのLNG輸入を計画している。また，BPはアンドラ・プラデシュ州でのLNG輸入基地の建設を，インド石油およびマレーシアのペトロナスと共同で計画している。

2．バングラデシュ

バングラデシュのガス埋蔵量は3,000億m³であり，生産量は年間112億m³で，生産可能年数（R/P）は26.8年となっている。1人当り所得が少ない国であるバングラデシュではあるが，エネルギー資源としては比較的豊富にガスが国内で確保可能である。生産されたガスは，その8割が発電と肥料製造に用いられている。バングラデシュの今後のガス発見のポテンシャリティは高く，新たに5,700億m³から1.1兆m³程度の発見が可能であるとの専門家の意見が出されている。米国の地質調査所の発表でも，今後新たに9,000億m³のガスが発見されるであろうとの予測が出されている。バングラデシュは天然ガス資源が豊富にあり，需要が急増するインドに向けたガス輸出が計画されている。

3. パキスタン

パキスタンの国営石油会社（PPL：Pakistan Petroleum Ltd.）の民営化が進められている。同社は国内の石油・ガス関連の7割のシェアを押さえており、民営化が進められることで、国有資産とされてきた同国内の主要な油田・ガス田も外資を含んだ民間企業に売却される予定である。

同国のガス生産は、PPLに加えて、パキスタン企業のOGDC（Oil and Gas Development Corporation）が実施しており、その他、外国企業であるBP, ENI, およびオーストリアのOMV, オーストラリアのBHPもガス生産を行っている。

パキスタンのガス埋蔵量は7,500億m^{3}であり、ガス生産量は209億m^{3}である（2002年）。今後は、発電用のガス使用量を増大させる計画をパキスタン政府は作成している。

第5節 まとめと展望

1. アジア諸国における利用の展望

今後、東アジアおよび南アジアに位置する発展途上にあるすべての諸国で、ガスおよび石油に対する需要は、いっそう増大すると予測されている。しかも石油に比べると、ガスに対する需要の伸びが、すべての諸国において高いと予測されている。石油に比べると、利用できるようになるまでにインフラ投資を必要とするガスの普及のためには、供給側と消費側との間で安定的な関係が確保されていることが望ましい。ガス利用の拡大のためには、各国における持続的な経済発展と、それに基づく資金供給が前提として期待されている。

各国別のエネルギー需給の状況と、個別のエネルギー源の多寡に関しては、実際には大きな差異が生じている。その理由としては、個別の国の歴史的成り

立ち，人口，気候風土の違いが影響している。したがって，例えばすでにガス利用の比率が高くなっているマレーシアとタイは，今後のガス消費比率の伸びは低く止まると予測されており，ガス消費のこれ以上の増大を抑制する政策がすでに導入されている。ガス消費の代わりに，石炭の利用を拡大する計画が両国には存在している。

2．LNG取引の変化

ガス利用動向における変化も生じている。LNG取引の世界の中心としての役割を果たしてきたアジア地域において，大きな変化が生じようとしている。買い手の側からの要請に従い，15年から25年という長期にわたる契約を見直し，短縮するとともに，スポットの占める比率を高める動きが生じている。また，硬直的なテイク・オア・ペイ契約を見直す動きも顕著となってきている。こうして，現在では，LNG取引価格についても，上限価格は設定するものの，下限価格（フロアー）は設定しない例が出てきている。

これらの動きは，LNGの売り手が多く存在する一方，買い手の側は長引く景気の停滞の中で，需要の伸びが低くなっているために買い手市場が出現していることにより生じている。

このため，LNG供給者より提示されるLNG売価次第で，顧客の増減が生じており，百万BTU当りのLNG価格が2ドルであれば，たくさんの供給先が見つかる状態があるが，その価格が4ドルに達すると買い手は限られるという状態が生じている。今後LNG需要が増大することが確実な中国およびインドにおいて，このように価格の高い低いが特に大きな意味を持つと考えられている。

LNGの売り手の側は，既存設備の拡張を行うグループ，およびカタルのRas Gasプロジェクトのように，ガス生産コストが安価であるために競争力を持つグループが存在している。したがって，新規にLNGプロジェクトに参入するためには，LNG化するための井戸元の供給源であるガス価格が安くないと競

争力を持つことは難しくなっているのが現状である。

韓国では，LNG の輸入権を一手に持つ KOGAS の民営化が進行中である。LNG 輸入権の配分を含めて，今後の分担が未定であるために，800万トンから1,000万トンに達する LNG 輸入が今後契約される予定であるが，オーストラリアの NWS 向けを除いては，未だ決定していない。オーストラリアの NWS からの輸入分については，契約期間を7年として，供給量の冬季と夏季の増減を可能とする供給契約内容で合意している。

したがって，新規にどのような内容で，どこの企業が LNG の契約をいかなる LNG プロジェクトと締結するかが注目されている。日本を含めた LNG の契約の今後の内容を大きく変えるインパクトを持つ可能性があり，今後の動向が注目されている。

ガス利用技術の多様化も注目される。GTL として極めてクリーンな軽油代替製品が供給されることで，中規模のガス田の利用価値が増大することが予測できる。GTL 導入の採算性は厳しいものの，2010年頃には日本を中心として，自動車燃料としての GTL 利用が開始されていると予測できる。GTL の供給源としては，まず，カタルおよびイランが予測できるが，アジア諸国における中小ガス田においても利用可能性拡大のための選択肢の1つとして検討される必要がある。

アセアン諸国内にはガスパイプライン網を形成して，ガスグリッドとして利用していこうという計画が存在している。建設費は60億ドルに達する見込みであり，パイプラインの総延長は1万キロメートルに達する計画である。全部完成すると，インドネシア，シンガポール，マレーシア，フィリピン，タイ，ミャンマー，ベトナムがガスパイプラインで結ばれることになる。アセアン内の既存ガスパイプラインの総延長は約2,500km であるが，今後，既存のラインを3倍増やし，総延長を1万 km とする計画である。

第6章　アジアの天然ガス産業　201

3．天然ガス利用拡大のインパクト

　注目されるのは，韓国のように当初発電用の利用を目指してLNG輸入を開始したケースでも，その後国内幹線パイプラインが完成したことで，都市ガス用の需要が増大し，今後も都市ガス用の伸び率が，発電用の需要を上回ると予測されるケースも出てきている点である。このように，長期的なガス消費の位置付けが変化する場合があることを理解した上で，ガスの利用拡大が，各国経済に対しどのような意味を持つのかを検討して，導入促進策を立案していく必要があると考えられる。

　マレーシアで実施されている天然ガス利用の拡大策も注目に値する。温暖な気候のマレーシアでは暖房需要は存在しないが，主として冷房用の目的で，首都のクアラルンプール，および新国際空港，さらにクアラルンプールとの中間に位置する新都市の冷房用にガスの利用拡大が図られている。これら業務用の需要に加えて，産業用需要の開拓も行われている。温暖な国においても都市型のガス需要の掘り起こしが行われて，事業として成功している例としてマレーシアを見ることができる。

　台湾のガスへのシフトを目指す政策の導入動向にも注目したい。現在においても国家の安全保障の確保が大きな課題である台湾においては，近隣のアジア諸国との融和策の一環としてLNG輸入が行われてきた面がある。台湾のLNG輸入先は，インドネシアおよびマレーシアであり，供給ルートが長く供給の信頼性にアジア向けと比べると課題が多い中東からのLNG輸入は実施されていない。

　原油および石化原料のナフサ等の輸入先においても，台湾はアジア諸国およびオーストラリア等の比較的近い国からの輸入を重視し，輸入量でもこれら諸国からが多くなっている。エネルギー供給源の多角化とその効果として，安全保障効果の拡大を達成できるとしてLNGの輸入拡大に取組んでいる台湾のような例が存在することを理解しておくことが必要である。

　天然ガス導入による環境負荷の削減という効果についても，その導入の目的

に関して，より深い考察が必要となる。例えば，1つの国の中で環境規制の地域差があるために，ガス導入が，価格が割高であっても進む地域が存在する。日本で言えば，NO_x 規制において，国の基準である950ppmに地方自治体が上乗せ規制を実施することで，主要都市においては，石油の利用とその燃焼が抑えられ，ガス導入が推進されている。

ガス導入の促進のためにはインフラ整備に大きなコストがかかるために，導入を決定した後に，誰がその費用を負担してインフラ整備を進めるべきかが大きな課題となる。現在，都市部での天然ガスへの転換を進めている中国において，内陸部からパイプラインを敷設することで送付する予定のガス価格と，LNG基地を建設して国外から輸入することで得られるガス価格との差異を，いかにして埋めるか，そのコストを誰が負担するのかが課題とされている。特に，従来から使われてきた安価な石炭を禁止して，ガスへの転換を図るためには，社会保障上の配慮を行う必要がある。

電力自由化が各国で進行中である点にも，注意する必要がある。ガス火力の増加は，環境負荷の低減に効果的であると，一般的には言うことができる。ただし，独立系の発電所としてのIPPが増大するためには，そのためのインフラ整備，韓国で整備が進んだような幹線ガスパイプラインの存在が望ましい。ただし，民間企業にのみ任せていたのでは幹線ガスパイプライン敷設を行うとの決断は難しく，資金の確保も困難であったと考えられる。この点は，日本での幹線ガスパイプライン敷設の計画が，政治決定なしには進まない状況になっていることからもわかる。呼び水としての幹線パイプライン敷設のための投資を行うことで，その利用から得られる産業へのインパクトがどの程度あり，経済環境が変化することで，次の展開が見えてくる場合があることを，韓国での事例の検討から評価検討してみる必要がある。

このようにアジアでのガス転換と需要の拡大策を採用していくためには，各国ごとに異なった展開をとりつつも，その行き着く先が環境負荷を低減したエネルギー供給網の確保であり，一定程度の競争を導入した，産業として競争力を持ったエネルギー産業を各国内に維持することにあるとの了解を持った上

で，国境を越えたエネルギー融通，エネルギーグリッドの構築に取組んでいくことが必要となっていると考えることができる．

アジアでは，経済的発展において，一歩先んじた東アジアにおいてではなく，エネルギー資源に恵まれた東南アジアにおいて，エネルギーグリッドの形成が着々と実施に移されている．ガスグリッドおよび電力グリッドの形成は，隣国間の料金体系の違い，需要パターンの差異があるために，エネルギーのやり取りにおける裁定（アービトラージ）の機会を生じさせており，この面から見ても，メリットがある．さらに，隣国とのエネルギーグリッドを通じた連係は，相互の関係を密接化し，電力・ガス技術者を始めとした人的交流を増大させ，緊張緩和と安全保障における効果も大きい．アジアにおけるきめ細かなエネルギー相互融通関係の構築のために，エネルギーの専門家を始めとして，各分野のスペシャリストによる将来への展望を持った議論を深化させていくための不断の努力が求められていると考えることができる．

［参考文献］

PennWell [2002] International Petroleum Encyclopedia 2002, PennWell Corporation.
USA : DOE : Energy Information Administration Web 資料．
OECD IEA [2002] World Energy Outlook, 2002.
Wybrew-Bond, Ian and Jonathan Stern [2002] "Natural Gas in Asia" Oxford Institute for Energy Studies, Oxford University Press.
神原　達 [2003]『中国の石油と天然ガス』日本貿易振興機構アジア経済研究所．

第7章

天然ガス利用技術の進展

塚越正巳

第1節　天然ガス探査，開発

1．探査，開発技術の概要

(1)　天然ガスの探査

広大な地域において，しかも数千mの地下にある石油・天然ガスを発見することは非常に難しい。あらゆる近代的な技術を駆使したとしても石油・天然ガスを発見する確率は10％くらいと言われており，さらに埋蔵量の点で経済的な生産の対象となるのはその4分の1くらいとなる。

さらに，井戸を掘るためには巨額な資金が必要とされる。従って，石油・天然ガス鉱床の探査には，あらゆる情報・技術が駆使され慎重の上にも慎重に行われている。

石油，天然ガスの探査，開発から生産に至るフローを図7-1に示す。この期間は，地質等の自然条件や経済的条件に影響されて，8～10年の長期にわたることもある。

初めに，探査の手順は，大きく分けて以下の3段階に分かれる。

第1段階：鉱区評価のための事前調査から鉱区権の取得まで。
第2段階：鉱区全体の概査を行い，構造単位の判定を行う。
第3段階：前段階の結果に基づいて井戸を試掘し，目的とする地層に石油・天然ガスがあるか調査する。

この各段階にあわせた探査方法がある。

地質調査は，野外での地質学的観察から地下構造を明らかにしようという作業で，第1段階の調査に用いられる。

地表の調査によって，地層の岩石の質，走行，傾斜，などが観察できる。また，各層に含まれている化石から地層が形成された地質時代（古生物的調査）を，層を構成している岩石から岩石的調査を行なう。

物理探査は，岩石の密度，磁性，電気抵抗，弾性波の伝播速度などの物理的

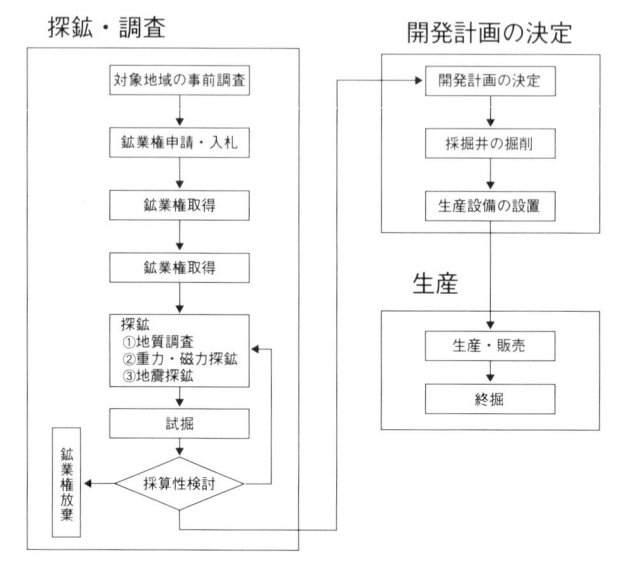

```
                    探鉱・調査                    開発計画の決定
┌─────────────────────────────────┐    ┌─────────────────────┐
│        ┌──────────────┐         │    │   ┌──────────────┐  │
│        │対象地域の事前調査│         │───→│   │ 開発計画の決定 │  │
│        └──────┬───────┘         │    │   └──────┬───────┘  │
│               ↓                 │    │          ↓          │
│        ┌──────────────┐         │    │   ┌──────────────┐  │
│        │鉱業権申請・入札│         │    │   │ 採掘井の掘削  │  │
│        └──────┬───────┘         │    │   └──────┬───────┘  │
│               ↓                 │    │          ↓          │
│        ┌──────────────┐         │    │   ┌──────────────┐  │
│        │  鉱業権取得   │         │    │   │ 生産設備の設置 │  │
│        └──────┬───────┘         │    │   └──────────────┘  │
│               ↓                 │    └─────────────────────┘
│        ┌──────────────┐         │         生産
│        │  鉱業権取得   │         │    ┌─────────────────────┐
│        └──────┬───────┘         │    │   ┌──────────────┐  │
│               ↓                 │    │   │  生産・販売   │  │
│        ┌──────────────┐         │    │   └──────┬───────┘  │
│        │ 探鉱         │         │    │          ↓          │
│        │ ①地質調査    │         │    │   ┌──────────────┐  │
│        │ ②重力・磁力探鉱│         │    │   │    終掘      │  │
│        │ ③地震探鉱    │         │    │   └──────────────┘  │
│        └──────┬───────┘         │    └─────────────────────┘
│               ↓                 │
│        ┌──────────────┐         │
│        │    試掘      │         │
│        └──────┬───────┘         │
│   鉱          ↓                 │
│   業   ◇採算性検討◇────────────┘
│   権
│   放
│   棄
└─────────────────────────────────┘
```

(出所) 石油鉱業連盟:「石油開発技術のしおり」

図7-1 油ガス田の探鉱・開発フロー

性質を利用して地下の深部の地質構造を調査する方法で,次の3通りがある。

重力探査

　一般に堆積層では下の地層ほど大きな加重を受けて圧密されているため密度が大きい。このため,地層が隆起しているような地域では重力が大きく,逆に陥没しているような地域では小さい。これを利用して地下構造の形態(石油や天然ガスが存在している可能性のある背斜構造の存在)を知ることができる。

　重力探査は,航空機や船の上から作業ができるため,精度は高くないが広大な地域の調査に利用される。

磁力探査

　岩石の持つ磁性の差を利用する方法で,一般に火成岩は大きな磁性を示し,堆積岩の磁性は小さい。磁場の強さの分布を測ることで堆積盆地の基礎となる火成岩の存在や深さを知ることができる。

地震探査

　前2者の方法が第2段階の概査に当るのに対し，地震探査は精査に当る。対象の地域内のどこに石油・天然ガス鉱床となりえる構造があるか，またその対象規模がどの程度かというような精密な調査である。この方法は，まず，ダイナマイトや酸素とプロパンの混合気体，あるいは高圧の圧縮空気を，爆発，放出させることによって，人工地震を起こす。その地震波が地下の各層の境界面で反射，屈折して再び地上に戻ってくるまでの時間を測定，解析し，地下構造の深度，位置，形等を解明する。

　基盤岩や火成岩の形状に対応した重力・磁力深度図やその地質モデル，地層探査データの解釈から得られた各地層の地下構造図，周辺地質データを総合的に解釈し，これにより石油や天然ガスの存在が予想される有望なトラップを推定し，次の段階である井戸（試掘井）を掘削するかどうか，その位置はどこにするか決定する。

(2) 試掘

　調査・探査の結果からは石油や天然ガスが存在する可能性がある構造の有無がわかるだけで，石油・天然ガスの有無まではわからない。そこで，石油天然ガスの存在そのものを確認する方法は，実際に試掘してみる他はない。この過程は第3段階に当る。試掘の目的は，石油・天然ガスの存在を確認するだけではなく，採算にのるだけの埋蔵量があるかどうかを調べるために，地質他の地下の状況を詳細に調べることも含まれる。

　なかでも，試掘を行う過程で採取できる「掘削くず（cutting）」を調べる鉱井地質調査や石油や天然ガスの存在の見込みがありそうな深度において電気や音波を利用する検層が実施される。目標とした地層に石油・天然ガスが掘り当てられると，その油層，天然ガス層の広がりや形を調べるために，さらに何本かの試掘井が掘られる。

　試掘結果から，油層・天然ガス層の形状，厚さ，孔隙率（岩石の全容積に対する孔隙容積の比率），浸透率（地層内の流体の流れやすさを示す指標）が調査さ

れ，石油・天然ガスの物理的性質，化学的性質，埋蔵量（特に可採埋蔵量），算出能力等の技術的データが解明される。これらのデータを基に次の過程（開発段階）に進むか否かが決定される。

(3) 油田，ガス田の評価

油田，ガス田の評価は，埋蔵量，生産率（回収率）等に基づき経済的価値を判断することである。

発見された直後の油ガス田は，まだ情報が不十分で油ガス田の広がりと埋蔵量の推定は非常に難しい。一般的には，これまで行ってきた物理的探査資料，構造条件，堆積条件，集積条件等をベースとした地質学的判断と試掘井におけるデータを基にした油層工学的解析によって評価される。

一般的に石油の回収率は20～30％と言われているのに対して，天然ガスの回収率は70～80％と高い。また，回収率は個々の油層，天然ガス層の性質によって大きく異なる。さらに，複数の開発計画のシミュレーションを行い最適な開発計画が選ばれる。

以上から，油ガス田の評価，特に可採埋蔵量が推定されて次のプロセスである開発計画へと進む。

(4) 開発計画と生産

具体的な開発計画は，採掘計画（採掘井の数及び配置），生産計画（生産規模と採取方法），生産設備計画（採掘井の掘削・仕上げ方法，分離・計量装置，貯蔵タンク等），運搬計画（パイプライン敷設，出荷，船積み設備）から構成され，最も経済的に回収率が高められるように作成される。

生産井の掘削及び仕上げの方法は次のとおりである。掘削方法は，ほとんどロータリー式掘削方法が用いられている。ロータリー式の原理は，掘管の先端に坑底のビットを接続し，図7－2にあるようなロータリーマシンにより，回転力を与えられて地層を掘り進んでいく。掘管の中には泥水が圧入され掘管の中を通って坑底に達し，ビットの根元から噴出され，掘管と坑壁の間を通って

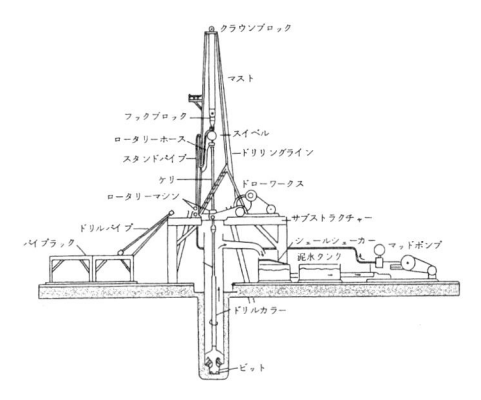

figure 7-2 掘削装置概略図

再び地上に還流してくる。その際，掘削くずを地表に運び出すと同時に地層中の石油，天然ガス，水等が噴出しないように押さえ，坑壁に泥の壁を作って地層の崩壊を防ぐ。

この方法によって，地下1万m近い深度まで掘削できる。掘りあがった井戸の坑壁にはケーシングパイプが挿入され，このパイプと坑壁の間はセメントで固定する。このケーシングパイプの中にさらに，チュービングパイプを通し，爆薬で外側のケーシングパイプから油層にガンバー孔と呼ばれる採油ガス孔をあけ，ここから石油，天然ガスを生産する。チュービングパイプを通って地上に上がってきた石油，天然ガスは，クリスマスツリーと呼ばれる生産制御装置を経て処理施設に送られる。

2．探査，開発技術の進展

石油，天然ガスの探査・開発は，莫大なコストと長大な期間をかけて進められる。探査と開発の多くの段階において直面する課題の多くは，不確定性に起因する。油ガス層の構造，埋蔵量等は，不連続的，非均質的に変化しており，大深度の油ガス層に直接アクセスできるのは限られた坑井の極めて小さな地層

部分に限定されるため，探査・開発に必要なデータのほとんどが間接的なデータに依存している。

探査・開発の技術開発の目的は，最小のコストで油ガス田の発見率を高め，石油，天然ガスの回収率を最大化することである。技術革新の方向は，コスト削減や坑井の生産性向上を直接目指したものと，不確定性の削減の観点から，データの増加と測定・解釈の改良を狙ったものに大別される。

探査及び開発技術は，70年代以降急速に進展しており，特に80年代以降の電子機器や制御機器等のハードウエアーとコンピューターのハード・ソフトウエアーの著しい進展により飛躍的に発展している。技術進展は，天然ガスの探鉱・開発・生産コストの低減に大きく影響している。天然ガスのコスト分析は，原油と合わせて（天然ガス6,000cfを発熱量等価の原油1バレルに換算し，生産物の総量をBoe（Barrel of Oil Equivalent）と表示する）在来型石油開発のコストとして行われることが多い。これは，同一探鉱投資によって石油と天然ガス（随伴ガス）が同時に発見され，パイプライン網が発達した欧米では，天然ガスも確実に販売できる固定資産として考えられているためである。

探鉱投資には，利権取得費・鉱区賃借料，探査費用，試掘費用が含まれる。入札・利権取得に関連する費用は様々であるため，これを除外すると地質調査費用は1～3％，物理探査費用が10～30％，残りの約70～90％が試掘費用と言われている。

(1) 探査技術の進歩

近年における探査面の最大の技術革新は3D地震探査及び4D地震探査である。地震探査技術は，広範囲な油層等を連続的に測定する唯一の方法であるが，分解能及び精度に限界があると言われている。地震探査技術は80年以降，著しい進歩を遂げ，特に3D地震探査技術は分解能を大幅に向上させた。3Dは油層の構造解釈の質を高めたばかりではなく，地層の岩相，孔隙率や油ガスの存在などの2D探査では明確でなかった地層内部の特性解析を可能としている。4D地震探査は，3D地震探査を一定時間後に繰り返し測定し，地震探査

データから流体分布，圧力及び温度の変化を解釈するもので，油ガス田の開発に極めて重要な情報を提供する。

3Ｄ地震探査技術の進歩以外にもコンピューターの進歩によって石油・天然ガスの生成，移動，集積の定量的な評価も着実に進歩してきており，試掘井におけるドライ坑井の割合も着実に減少してきている。表7－1に，大手石油会社の試掘井の結果を示す。平均ドライ坑井は，1984～86年で57％であったものが，1993～95年では41％に低下している。

この結果，欧米の大手石油会社の平均探鉱コストは以下のように低下している。

	アメリカ内の探鉱			アメリカ外の探鉱		
	総投資	発見量	探鉱コスト	総投資	発見量	探鉱コスト
	億ドル	億Boe	ドル／Boe	億ドル	億Boe	ドル／Boe
1982～1989年の平均	71.6	24.8	2.89	52.1	26.5	1.98
1988～1992年の平均	40.6	26.8	1.52	57.3	40.7	1.41

もちろん発見の全てが油ガス田として成立するわけではなく，1／3から1／4は現在の技術では経済的開発は困難とされている。

(2) **開発技術の進歩**

開発コストは着実に削減され効率が良くなっている。その理由は，掘削要素技術の進歩（ビットの改良他），水平掘り・水平仕上げ技術，海洋油田システム（FPS, Floating Production System）の実用化等による。欧米の大手石油会社の平均開発コストは以下のように低下している。

	アメリカ内の探鉱			アメリカ外の探鉱		
	総投資	発見量	探鉱コスト	総投資	発見量	探鉱コスト
	億ドル	億Boe	ドル／Boe	億ドル	億Boe	ドル／Boe
1982～1989年の平均	110.8	24.8	4.47	77.4	26.5	2.92
1988～1992年の平均	84.9	26.8	3.17	110.0	40.7	2.70

表7-1　大手石油会社の試掘井の結果

	Amoco		BP		Chevron		Exxon		Mobil		Shell		Texaco		Total	
	Prod.	Dry	Prod.	Dry	Prod.	Dry	Prod.	Dry	Prod.	Dry	Prod.	Dry	Prod.	Dry	Prod.	Dry
1984	233	214	31	77	165	202	103	230	136	111	78	149	93	117	839	1,100
1985	324	240	37	104	119	160	121	312	175	148	99	189	97	121	972	1,274
1986	226	170	36	88	49	79	65	181	132	145	84	142	48	71	640	876
1987	150	119	43	82	49	44	70	114	102	49	70	109	41	78	525	595
1988	150	117	55	91	24	77	77	118	76	71	65	97	74	130	521	701
1989	207	65	46	38	39	71	80	106	46	68	48	70	22	49	488	467
1990	376	71	53	72	51	79	68	71	72	64	38	67	55	77	713	501
1991	164	74	33	41	66	56	54	68	69	79	47	58	68	40	501	416
1992	45	103	13	20	60	23	37	44	40	38	30	52	45	30	270	310
1993	64	24	13	7	62	53	32	32	36	29	47	44	55	47	309	236
1994	93	45	16	10	113	61	31	29	61	54	28	38	41	32	383	269
1995	128	83	15	5	126	55	36	33	66	45	48	38	45	23	464	282
1984～1986		44%		72%		58%		72%		48%		65%		57%		57%
1993～1995		33%		33%		38%		49%		44%		50%		41%		41%

第7章 天然ガス利用技術の進展　215

石油公団が1997年に実施した想定油田におけるコスト削減の検討事例によると，可採埋蔵量が1.2億バレルのメキシコ湾油田の，1975年の技術での探鉱・開発コストは5.92ドル／バレルであったが，1995年の技術では3.12ドル／バレルと20年間で47％のコスト削減が可能となっている。

第2節　天然ガス輸送技術

1．ガス田商業化のオプション

　天然ガスの主成分であるメタンは，ガス体エネルギーであるがゆえ，体積当りのエネルギーは著しく小さく，液化するためには－162℃まで冷却する必要がある。そのため天然ガスの利用拡大のためには，輸送技術の向上が重要である。

　シェルによれば，天然ガス田の商業化のオプションは，図7－3に示すように天然ガス田と需要地の距離（天然ガスの輸送距離）と天然ガス田の生産量によって決まるとしている。すなわち，天然ガスの輸送に適しているガス田は，生産量200万立方フィート／日以上の大規模ガス田で，輸送距離がおおむね2,500km以下はパイプライン輸送が，2,500km以上はLNG輸送が適しているとしている。日本から最も近い東南アジア地区のガス田までの距離は6,000kmと離れており，日本向けの天然ガス供給はLNGに限定されている。生産量約200万立方フィート／日以下の中小規模ガス田は規模の経済性から輸送用には適しておらず，商業化のオプションは，ガス田近傍向けの発電やガス田に立地するメタノールなどの化学品プラントの原料として用いられる。

2．パイプラインと建設に係わる規制

　日本では天然ガスの大半を海外からLNGとして輸入しているため，ガスパ

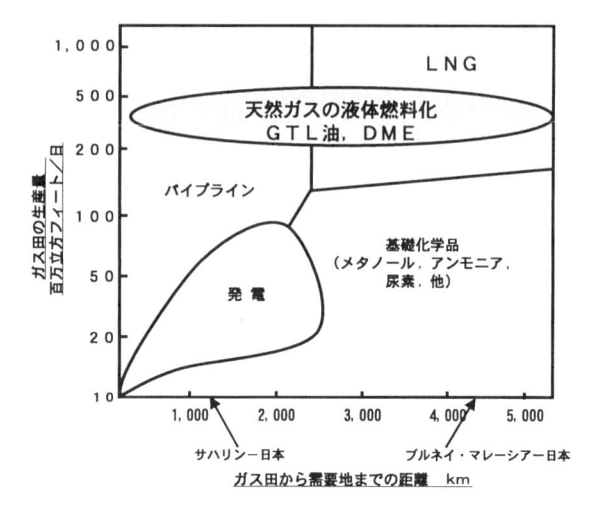

(出所）経済産業省・資源エネルギー庁（2000）：「天然ガス小委員会資料」
図7－3　天然ガスの商業化のオプション

イプラインはLNG火力発電所近隣，大都市圏を中心とした都市ガス用LNG基地周辺および新潟等のガス田地帯の周囲を中心として整備されてきた。日本と欧米の主要パイプラインの概要を表7－2に示す。欧米では近年，輸送効率の向上のため大口径で高圧の長距離パイプラインが敷設されている。日本のパイプラインはいずれも小規模なもので，新潟，秋田等の国内ガス田で生産される天然ガスを，東京などの消費地へ輸送するために建設されており，その総延長は約3,000kmに過ぎない。これは，日本は各地にLNG輸入基地が完備しており，大都市圏を繋ぐ幹線パイプラインの必要性が低かったことが，大きな理由と考えられるが，日本のパイプライン敷設コストが欧米と比べて4～12倍高いことも一因である。

その理由は，工事費，地代等が高いことが考えられる。また，安全基準，ガスパイプライン敷設時の道路使用や施工に係わる規制等も建設コストが割高となる要因として指摘されている。表7－3に，陸上パイプラインに関する日本とアメリカの技術基準を示す。

第7章　天然ガス利用技術の進展　217

表7−2　日，欧米のパイプラインの実績

海底パイプライン

			日本		欧米	
名称			磐城沖パイプライン	岩船沖パイプライン	北海 Europipe	地中海 Trans Mediterranean
区間			磐城沖〜福島県	岩船沖〜新潟市	北海〜Emden（独）	モロッコ〜シシリー島 シシリー島〜イタリア半島
	距離	km	40	22	619	199
	口径	インチ	12	12.3/4	40	20〜26
	圧力	kgf/cm²	101	45	160	213
材質			API 5 LX52	API 5 LX52	API 5 LX65	API 5 LX65
適用法規			鉱山保安法	鉱山保安法		
完成年			1983	1990	1995	1994

陸上パイプライン

			日本		欧米	
名称			東京ライン	仙台ライン	欧州 TAG Trans Austria Gasline	北米 カナダアイオワ
区間			頸城〜東京	新潟〜仙台	チェコ〜イタリア	カナダ〜アイオワ
	距離	km	309	251	770×2条	1,324
	口径	インチ	12	20	34〜40	42
	圧力	kgf/cm²	50	70	71	101
材質			JISG3433	APX60	−	API 5 LX70
適用法規			鉱山保安法	鉱山保安法	−	
完成年			1991	1996	1974	1982

現在,ガスパイプライン敷設に関しては,その敷設事業者によりガス事業法,電気事業法,高圧ガス保安法,鉱山保安法が適用されているが,2001年6月に各法の整合化を検討するため,経済産業省原子力安全・保安院に「ガスパイプライン安全基準検討会」が設置された。検討会ではガスパイプラインの設計,材料,工事,保安施設の基準について,海外の基準を踏まえながら,日本に適した安全基準の策定が検討されている。

以下,規制緩和のポイントとともにガスパイプラインの敷設における諸問題と技術課題を述べる。

(1) 施工に関する諸問題と技術課題

河川区域・高速道路の活用

現在,河川区域・高速道路下でのガスパイプライン敷設には,多くの規制が存在し,敷設は進んでいない。今後,これらの規制緩和とともに,推進工法の長距離化,架橋部やトンネル部での添架技術など,既存技術の向上とコスト低減の図りやすい状況へ移行することにより,ガスパイプラインの敷設はより促進される方向に進むであろう。

高強度材の採用と溶接技術

高強度材(API X-80等)を採用することにより,使用鋼材量の低減・軽量化によってコストダウンが図られる。現在は溶接検査との関係で,溶接技術が課題となっている。

ガスパイプラインの溶接技術においては,電子ビーム溶接を用い,完全自動で施工時間を大幅に短縮した高速溶接技術が開発され,2002年度からの実用化に向け実用機の開発が始まったところである。今後は関連法規において,電子ビーム溶接法等を採用することにより,ガスパイプライン敷設効率は向上するであろう。また,電子ビーム溶接法の高速性を推進工法,シールド工法,共同溝内での工事へ導入することによって,さらに工期短縮が図られるであろう。

ガスパイプラインの高圧化

日本のガスパイプラインは通常7 MPa以下で設計・運用されている。しか

表7－3　日，米のパイプライン敷設に係わる技術基準

		日本	米国
		鉱山保安法	ASME B31.8
設計	設計圧力の上限	80kgf/cm²以下程度	記載なし
	設計係数	0.4	0.4～0.8
現地試験	放射線透過試験（内部のキズの検査）	全数実施が原則	敷設場所により抜き取り率を規定
	耐圧試験	いずれか一方のみ 最高使用圧力の1.5倍の耐圧試験	敷設場所毎に各々規定 最高使用圧力の1.1～1.4倍
	気密試験	最高使用圧力の1.1倍の気密試験	降伏応力の20%以上となる圧力
敷設形態	土被り	一般部　0.6mより大 市街地道路下　1.8mより大 市街地以外道路下　1.5mより大	敷設場所毎に各々規定 (0.6～0.9mより大)
	掘削幅	管外径＋0.15m×2	記載なし
	防護工	市街地道路下において設置要	不慮の外力が考えられる場合設置要

し，設計圧力の上限に関する法規制はなく，更なる高圧化に対して，ガスの漏洩，異形管の強度，他のパイプラインとの接続等，技術的課題も克服可能であると考えられている。現状は，敷設事業者及び関係機関の判断により，運転圧力が決定されているのが実態であろう。今後，広範な領域における幹線パイプラインの設置に際しては，安全性を確保した上で，ガス輸送効率の増大とコストダウンの観点から，より高圧化が図られることとなるであろう。

海底ガスパイプライン敷設技術

日本における陸上ガスパイプラインの敷設コストに比べ，海外の海底ガスパイプライン敷設コストは極めて低廉であり，その建設が検討されている。しかしながら，日本における大口径，長距離海底パイプライン敷設に関する規格・基準は十分に整備されておらず，その敷設実績も乏しい。今後は，海外基準を参考にしつつ，海底パイプラインを対象とした設計係数の設定，リスク分析を行い，敷設コスト削減に資する法整備を策定することが求められる。また，その敷設においては岩盤地帯，サンドウェーブ地帯，大水深域，潮流・海流の激しい地帯等，過酷環境下における建設・保守技術の開発と経験が望まれる。

3．LNG 製造技術の進展

世界で最初のLNG輸送は，1964年アルジェリアから英国に向けて開始された。LNGプラントはガス田若しくは油田の随伴ガスを原料とし，コンデンセート除去後，硫化水素，炭酸ガスなどの酸性ガスが除去された後で，脱水され，水銀が除去された後に，液化ユニットに送られる。原料ガスは重質の炭化水素を順次除去後，-162℃まで冷却し液化する。

(1)概要

LNGプロセスは，様々な方式が発表されているが，1972年にスタートしたブルネイLNGに初めてエアープロダクト社の「プロパン予混合プロセス」が採用されて以来，多くのLNGプラントがこの方式を採用している。この方式

の特徴は，高価な主熱交換器の予冷部分で，高価なアルミの代わりに炭素鋼が使用可能なため，建設コストが低減できる。また，採用実績からこのプロセスは運転性が良く，信頼性が高いものと考えられる。

(2) LNGプロセスのコストダウン

アルジェリアのLNGプラント稼働以来，開発されたLNG技術は新規のプラントに採用されてきた。また，ガス田開発から需要地受け入れ・気化に至るLNGチェーンの各過程で様々なコストダウン方策が検討されている。

LNGプラントの主なコストダウンは，LNGトレーンの大型化による冷媒圧縮機の効率向上や，駆動動力として最新鋭の高効率大型ガスタービンの採用などによる。LNGプラントのトレーンサイズのトレンドを図7－4に示す。

1990年代の技術で建設された330万トン／年×2トレーンのLNGプラントは，1980年代の技術で建設された220万トン／年×3トレーンのLNGプラントと比較して約8億ドル（約34％）コストダウンされたとの報告もある。コストダウンの要素は，スケールメリットによるものが約16％，設計基準の見直しに

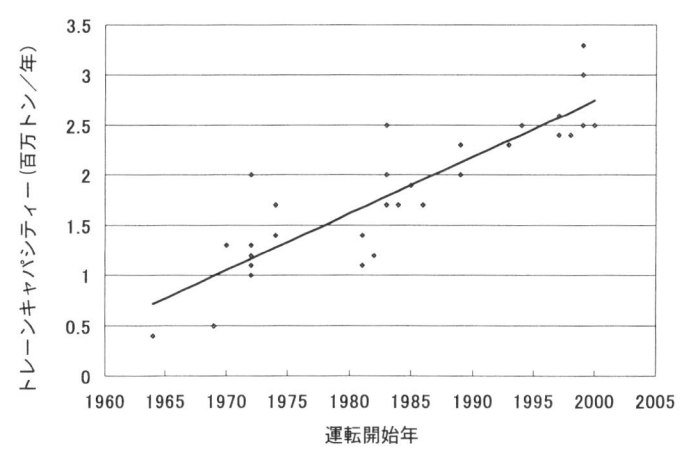

(出所) 市川勝：「天然ガスの高度利用技術」，㈱エヌ・ティー・エス

図7－4　LNGプラント　トレーンサイズのトレンド

よるものが約40%，安全ファクターの見直しによるものが約4%，競争入札方式の強化によるものが40%となっている。

第3節　天然ガス利用技術

1．天然ガス発電技術の進展

　天然ガス発電は，クリーンエネルギーとしての特性を生かすとともに，石油依存度の低下といったエネルギー供給源の多様化の観点から，図7-5に示すように近年のその伸びは大きい。日本においても，1969年にアラスカからLNG船が到着して以来，天然ガスは主要な発電用燃料として位置付けられてきた。導入初期にはベース電源であった天然ガス発電も，近年では高い起動・負荷応答能力や部分負荷熱効率といった優れた運用特性でミドルからベース電源として幅広く活用されている。

　また，環境規制が厳しい大都市部の発電用燃料として利用されるとともに2

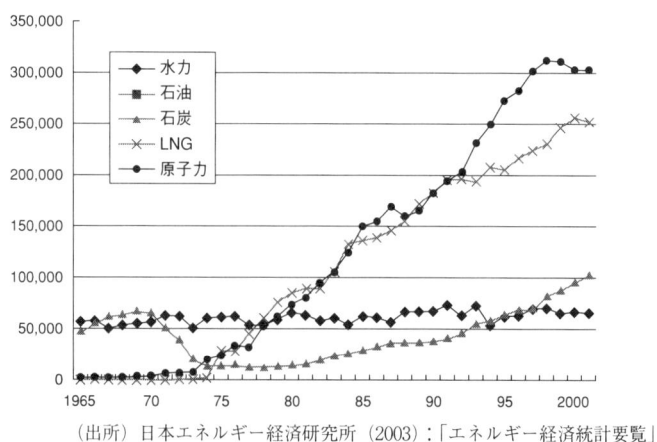

（出所）日本エネルギー経済研究所（2003）：「エネルギー経済統計要覧」
図7-5　日本（9電力）の燃料別発電電力量の推移

第7章 天然ガス利用技術の進展 223

度にわたる石油危機を経て石油代替エネルギーの1つの柱として導入促進が進められてきた。すなわち，日本における天然ガス発電の位置付けは，単に高効率でクリーンな発電という理由で，優先順位が上げられたものではなく，エネルギーセキュリティーの観点から1次エネルギー供給源の多様化を進める中，原子力，石炭火力をベースロードとして負荷一定運転とし，その次に電力需要の増減を吸収する発電として天然ガス発電が利用されているのが実態と考えられる。

天然ガス発電の技術進歩は，燃焼温度の高温化により高効率化がなされたことと，当初は汽力発電プラントにおいて利用されてきたが，近年はガスタービンと廃熱回収ボイラー，蒸気タービンを組み合わせた「コンバインドサイクル発電」という方法で画期的な高効率発電が実現したことである（図7-6）。

このように，天然ガスが発電用燃料として伸びてきた原因の1つに，燃料としての特徴が挙げられる。天然ガスはガス田として単独に存在するものと，油田の随伴ガスとして生産されるものとがある。いずれも，日本に運び込まれる時はLNGによるため，随伴ガス由来のLNGもエタン以上の重質分は除去され

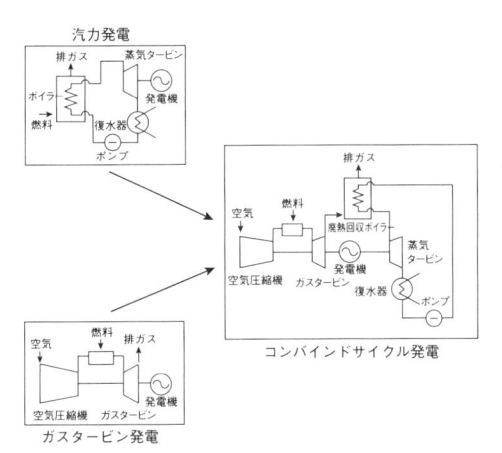

(出所) 日本エネルギー学会（2001）:「日本エネルギー学会誌」

図7-6 汽力発電とコンバインドサイクル発電

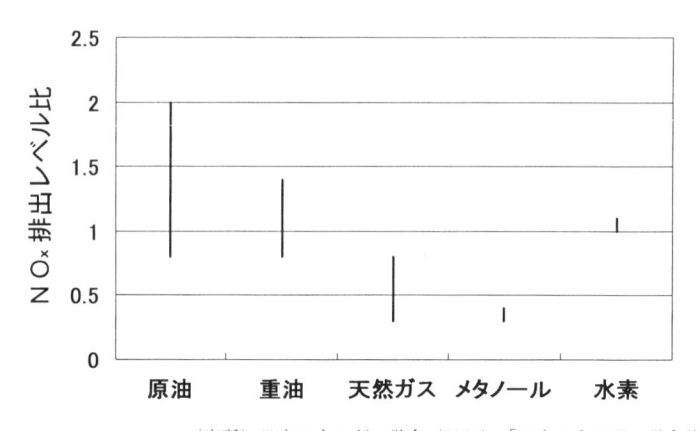

(出所) 日本エネルギー学会 (2001):「日本エネルギー学会誌」
図7-7 燃料種によるNO$_x$排出レベルの比較

ており，メタンが主成分の炭化水素となっている。従って，燃料組成が単純で燃焼時の火炎が安定しており，煤煙や灰のような残留物がほとんど無い。また，CO_2発生量も石油系燃料の約75%である。さらに，メタンは他の炭化水素と比べて断熱火炎温度が低いためサーマルNO$_x$の発生量が少ない（図7-7）。

NO$_x$の生成量は燃焼温度の上昇により増えるため，高効率化と並ぶ重要な技術開発は，低公害化（NO$_x$の低減）である。低NO$_x$化の技術開発は80年代から精力的に進められており，84年に運転開始した東北電力㈱東新潟3号系列では，世界で初めて予混合式低NO$_x$燃焼器が採用され，以降，この方式が発電用ガスタービンの燃焼器の主流となっていった。

(1) 天然ガス発電の熱効率の変遷

日本に天然ガス発電が導入されてから1985年頃までは，いわゆる汽力発電（ボイラー／蒸気タービンから構成）がほとんどであった。汽力発電方式においては，主蒸気の圧力を亜臨界圧から超臨界圧，超超臨界圧に上昇させるとともに主・再熱蒸気温度を上昇させて熱効率の向上を図ってきたが，1960年代以降，熱効率の伸びは鈍化し，最新鋭の超臨界圧火力でもその発電端熱効率は

40％台前半であり，これ以上の熱効率の改善は望めなくなってきている。

　天然ガス発電の熱効率向上は，1984年に東北電力㈱東新潟3号系列にタービン入り口温度1,100℃級の本格的な廃熱回収方式によるガスタービンコンバインドサイクル発電が導入されたことにより，一気に44％へと上昇した。近年，ガスタービンの入り口温度は，冷却技術の進歩と耐熱材料の開発により20℃／年の割合で上昇しており，熱効率上昇の要因となっている。そして，1999年には東北電力㈱東新潟火力4－1号系列でタービン入り口温度1,400℃級ガスタービンを主体とする改良型コンバインドサイクル（ACC：Advanced Combined Cycle）発電が営業運転を開始し，熱効率50％が達成されている（図7－8）。

　2000年末におけるガスタービンコンバインドサイクル発電の設備容量は，6電力会社25系列（部分運開，リパワリングプラントを含む）で合計2,500万kWに達し全事業用火力発電用設備容量の約20％を占めるまでに至っている。現在さらに，東京電力㈱の富津火力3・4号系列，品川火力1号系列，川崎火力1号系列，東北電力㈱4－2号系列等の建設が進んでおり，これら改良型コンバインドサイクルの熱効率は50～53％となっている。

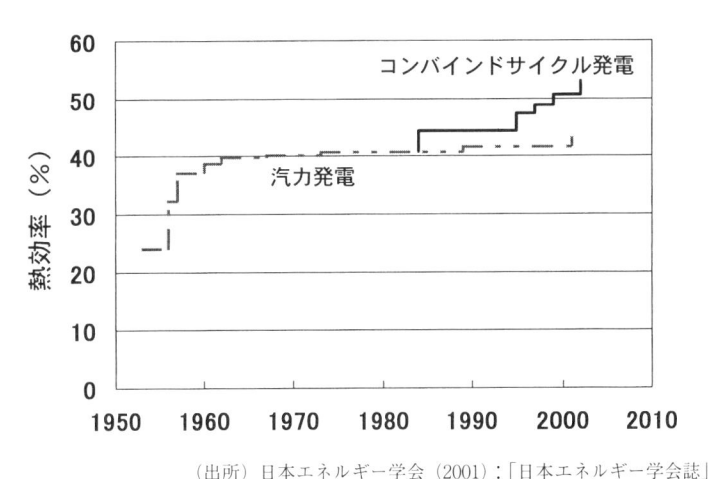

（出所）日本エネルギー学会（2001）：「日本エネルギー学会誌」
図7－8　火力発電プラント熱効率の変遷

(2) 技術開発の展望

 ガスタービンの燃焼温度の高温化は,高温部品の冷却化等から1,500℃が限界と見られており,今後の技術開発の方向性は,低NO_x化と考えられる。燃焼時に発生するNO_xを低減するためには,火炎温度を下げる必要がある。特に,ガスタービンの場合,燃焼温度が高く,空気過剰率が高いためNO_xの発生量が他の内燃機関より多いため,低NO_x化の技術が特に重要である。

 従来,低NO_x化のために,「拡散燃焼」と呼ばれる,水または蒸気を燃焼域に直接噴射するか燃料に混合させて噴射する方法が取られてきた。これに対して,「予混合燃焼」と呼ばれる,空気と燃料を予め混合させて火炎温度のピークを抑えNO_xの発生を抑制する方法が主流となってきている。この理由は,拡散燃焼方式は,NO_x低減効果が小さく,水や水蒸気の噴射が効率を下げ,水のコストがかかるためである。現在,定格負荷でのNO_x排出濃度は,大型のガスタービンでは拡散燃焼で100〜200ppm,予混合燃焼で10〜30ppm(O_2 16%換算)レベルである。

 予混合燃焼は,火炎温度のピークを抑え燃焼器の温度分布を平均化できる一方で,燃焼可能な空気/燃料の比が拡散燃焼と比較して狭いため,不安定燃焼に陥りやすく,これをいかに制御するかが課題である。このため,様々な解析やシミュレーションが行われ,安定燃焼方式の開発が行われている。

2. コージェネレーションシステム (CGS)

(1) 概要

 ガスタービンやガスエンジン,ディーゼルエンジンなどの熱機関や燃料電池を用い,発電とともに排熱による熱供給を行うCGSは,すでに多くの実績がある。2001年3月末の総発電容量は548.5万kWであり,電力用発電設備(2000年度末の各電力会社の設備と自家発電設備の合計)の発電容量約2.54億kWの約2.2%を占めている。

 このうち,天然ガスを利用するCGSは,ガスタービン,ガスエンジン,燃

料電池がある。さらに，天然ガスを利用する CGS は，優れた環境特性から都市部及びその周辺部における導入が多い。

(2) 課題と展望

天然ガス利用の CGS に共通する課題としては，高効率化等基本性能の向上の他，排熱の有効利用やコスト削減等が挙げられる。

まず，原動機などエネルギー発生側の高効率化に対しては，ガスタービン及びガスエンジンにおいて，機材にセラミックスを用いて発電効率を向上させる研究開発が検討されている他，熱電可変型ガスタービンやミラーサイクル型ガスエンジンの開発が行われている。

次に，排熱の有効利用に関しては，排ガス投入型吸収冷温水機や吸収式冷凍機などの検討がなされている。

「新エネルギー部会報告書」によると，天然ガス CGS は，従来型エネルギーの新利用形態として，需要サイドの新エネルギーとして位置付けられている。本報告書では，2010年度における天然ガス CGS の導入目標を1999年時点と比較して，約3.1倍の普及を目標としている。また，「天然ガス政策の在り方に関する報告書」では，天然ガスの新たな利用形態の可能性として，天然ガス CGS が，天然ガス需要の大幅な拡大の可能性を示唆している。

3．天然ガス自動車

(1) 概要

天然ガス自動車は天然ガスを燃料とすることから，PM（粒子状物質）がほとんど発生しないため，排出ガスがクリーンであり，地域大気汚染防止策の1つとして，大都市部を中心に導入が進められている。

天然ガス自動車は，1980年代に大手都市ガス事業者の車輌に導入された。その後，天然ガスの地方への普及に伴い，地方都市ガス会社の車輌や地方自治体等に導入された。近年は，トラック協会の補助事業や環境問題への意識の高ま

りから運送事業者を中心に導入が進んでいる。2001年11月現在の累積台数は1万台に達し，今後とも，ガソリン代替車としては都市ガス事業者や地方自治体等に，ディーゼル代替としては塵芥車，宅配車輌，コンビニ配送車，ルート配送車等，域内循環トラックや路線バスに導入が期待されている。

(2) 課題と展望

将来，天然ガス自動車がさらに普及するには，従来のガソリン車，ディーゼル車と同等の経済性，利便性が要求される。現在，天然ガス自動車普及に向けて，車輌価格の低減，車輌性能の向上と燃料である天然ガスを充填するステーションなどインフラの充実が最大の課題である。

天然ガス自動車は，走行距離が200～300kmと短いこと，インフラが不充分であることから，民間では塵芥車，宅配車輌，コンビニ配送車，ルート配送車等，域内循環トラックや路線バスといったフリート走行車輌を中心に普及が進んでおり，今後もこの分野において先行して導入が進むものと見られている。また，トラックでは架台のバリエーションが多く，改造が難しい4トン車よりも，2トンの天然ガス自動車の普及が先行するものと考えられる。

政府はクリーンエネルギー自動車の1つとして天然ガス自動車の導入を促進しており，様々な導入支援策を打ち出している。

今後は，環境意識の高まりから自動車の排出ガスの規制はさらに厳しくなると予測され，既存のガソリン車やディーゼル車の排出ガス対策も進むと同時に，天然ガス自動車はますます重要な位置付けとなると考えられる。

第4節 新たな天然ガス利用技術

近年，天然ガスの新たな利用形態として天然ガスの液体燃料化技術（GTL：Gas to Liquid）と，燃料電池が注目されている。いずれも，環境保護気運の高まりから天然ガスのクリーンな特性を生かしたもので，実証段階から実用段階

に進みつつある。また、用途は石油系燃料がほぼ100％を占めている移動体向けであることから、その普及度合いによっては、今後の1次エネルギー需給に大きな影響を及ぼすものと考えられる。

1．液体燃料化技術（GTL : Gas to Liquid）の可能性

近年、GTL技術が注目される理由は2点挙げられる。その第1は、世界各地の既発見・未開発ガス田ガスを商業化したいという上流側の産ガス国・メジャー企業など資源保有側の意識の増大である。世界のガス埋蔵量の内、商業化されている割合は30％弱に過ぎない。ガス田の多くは消費地から遠隔地に存在するため、パイプライン、液化天然ガス（LNG）のどちらかでガスを輸送・供給するか、あるいは、アンモニアやメタノールなどの化学品に転換するしかなかった。技術開発の進展により、GTL技術の経済性も改善されつつあり、天然ガスを液体燃料に転換する方法も、現実的な選択肢として考えられるようになった。以前は、原油価格がバレル当り30ドル前後でないと経済性が確保できないとされてきた。しかし最近は、天然ガスの原料コストを50セント／百万BTU（原油換算で3ドル／バレル）と想定すれば、原油価格が15～20ドルで採算がとれる目処が立つようになってきた。GTL製品価格の指標となる原油価格についても、OPEC内の意思統一が図られて、近年は22～28ドルという価格水準が安定的に維持されるようになってきた点も、GTLにフォローとなっている。

第2は、下流側の要因で、先進国における環境規制強化に伴い、環境にやさしい液体燃料のニーズが増大していることが挙げられる。GTL製品は、硫黄分・芳香族分を含まないので、環境に優しい燃料と言える。さらに、既存石油製品の流通経路の利用が可能で、大規模な市場を有することが挙げられる。

(1) 製造技術と製品特性

GTL技術は、天然ガスを改質反応で水素と一酸化炭素から成る合成ガスに

転換し，この合成ガスから液体燃料を製造するという2つの段階から成るため，「間接液体燃料化法」と呼ばれている。代表的な液体燃料製造反応は，ノルマルパラフィンを合成するFT（フィッシャートロプシュ）反応，メタノール合成，ジメチルエーテル（DME）合成があり，総称してGTL燃料と呼ばれている。

代表的なGTLプロセスであるFT合成，DME合成とメタノール合成をブロックフローで示す（図7-9）。

いずれのプロセスも天然ガスを脱硫後，改質反応を行い，水素（H_2）と一酸化炭素（CO）などから成る合成ガス（synthesis gas）を製造する。次いで合成ガスは液体燃料合成プロセスに送られる。液体燃料合成プロセスで，合成ガスは適切な反応条件（反応組成，温度，圧力，触媒等）の下で各種の合成燃料に変換される。

FT合成油は硫黄分をほとんど含まず，パラフィン分に富み，芳香族分が非常に少ないという特徴があり，非常にクリーンな燃料として利用が期待されている。すでに南アフリカ（Sasol及びMossgas），マレーシア（Shell）で実用化さ

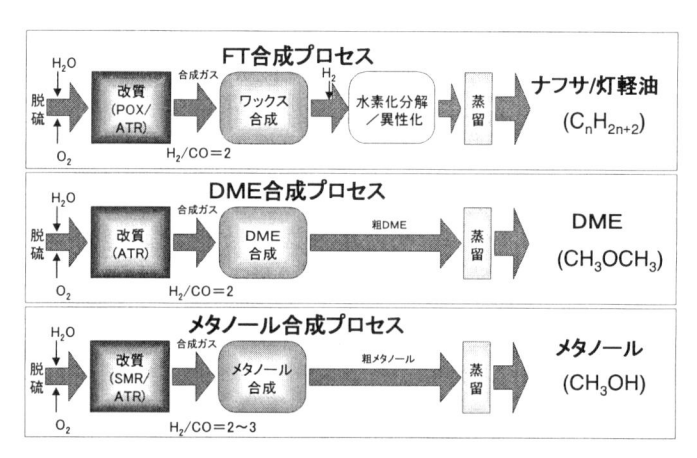

（出所）森田裕二「天然ガスからの液体燃料の市場性について」，IEEJ，2001年11月

図7-9　GTLプロセスの比較

れており，通常の石油製品と全く同等に利用されている。

　FT合成油は，LPGからワックスまでの連産品である。ナフサ留分（FTナフサ）はオクタン価が低く（RON 40以下），直接にはガソリンとして使えない。ただ，パラフィン分に富むことからエチレン分解用の原料として石化用ナフサに適していると考えられる。また，低硫黄で芳香族分が少ないことから石油系のナフサと比べて水素製造が容易であるため，燃料電池自動車用の燃料としても有望と見られる。

　灯油留分（FT灯油）は硫黄分が少なく，燃焼性が良いといった優れた性質を有している。日本においても，昭和シェル石油が「E灯油」の商品名で，2000年に横浜・鎌倉地区で試験販売を行った。

　軽油留分（FT軽油）は，硫黄分をほとんど含まない，セタン価が高い，芳香族分が少ないといったことから高品質の軽油あるいは，石油系軽油のブレンド基材として利用可能である。タイではシェルが石油系の軽油とFT軽油をブレンドしたものを販売している。また，FT軽油は，エンジン試験の結果では，出力を向上させ，排ガス中の有害物質を低減する効果がある。従って，従来のディーゼルエンジン設計と異なる設計が可能となることから，FT軽油は，次世代ディーゼルエンジンのためのクリーン燃料としても期待されている。ただし，FT軽油の問題点は，硫黄分，芳香族分が少ないことから潤滑性に乏しく，また，パラフィン分に富み芳香族分が少ないことからシールの膨潤性が低いという点である。ただ，いずれも添加剤の添加とシールの設計変更により対応が可能であると考えられている。

　DMEは，プロパンと性質が類似していることから（沸点：DME−25.1℃，プロパン−42.0℃）LPガスの代替としての導入が検討されている。DMEは，常温，常圧の下では気体であるが，6気圧程度の加圧下では容易に液化する。また，毒性が低く，生体に対する影響が少ないという特長がある。現在，DMEは，主としてフロンガスに代わるスプレー用噴射剤（プロペラント）として利用されており，現在はメタノールを脱水する方法により生産されている。1999年における世界の生産量は15万トン，日本は1万トン程度と小規模であり，日

本では全て国産品で賄われている。

　DMEは含酸素化合物のため，発熱量がプロパンより低い。実用化の課題の1つとして，流通コスト低減が重要である。また，シール，ホース等の配管材料に対する膨潤性に問題はあるものの，素材の変更などの小改造を行えば導入が可能であると考えられている。

　DMEは，オクタン価が低いことからLPガス自動車（オートガス）には不向きであるが，セタン価が55～60と高く，PM（Particulate Matter：粒子状物質）がほとんど出ないため，軽油代替として有望である。ただし，潤滑性が乏しいので添加剤による対応が必要になるなど，克服すべき技術的な課題が多く，実用化には時間がかかると予想される。

　メタノールはホルムアルデヒド，酢酸，MTBE等化学品用の原料としての需要が確立している。1998年の需要量は世界で2,584万トン，日本は190万トンで，日本では全量を輸入している。

　燃料としてのメタノールは，オクタン価が高い（RON 109）ため，ガソリン代替として利用可能だが，発熱量が小さいので燃費が悪くなる。また，セタン価が3程度と低いので軽油代替はできない。

　一方，メタノールは350℃程度で改質が可能でガソリン改質（約800℃）と比べて低温であるため，燃料電池用燃料としては，技術的には実用化により近いものと見られる。

(2) GTLの経済性

　フォスターウィラー社は，サソール社向けに，沿海部に立地する30,000B/Dの規模のFT合成プラントに関するFS（FSの精度は±15%）を行った。プラント建設費は25,000ドル／バレルで，総建設費は750万ドルとなり，工期は30～33ヶ月となっている。

　キャッシュフロー分析によるGTLプラントのコストは，18ドル／バレルで，その内訳は，設備投資コスト9ドル／バレル，原料ガスコスト4.5ドル／バレル（原料ガス価格は0.5ドル／百万Btuとした場合），運転コスト4.4ドル／バ

レルとなっている。

このように，GTL製品のコストの内，設備コストの占める割合が大きい。設備投資の内訳を図7－10に示す。天然ガスから合成ガスを製造する工程が，設備投資の約30％を占め，次いで，FT合成工程が約15％を占めている。

設備コストに次いで大きな割合を占めるのは，原料コストである。FSでは，原料ガス価格0.5ドル／百万Btuを前提としているため，原料ガス価格が上昇すれば，原料コストの割合はさらに増大する。従って，GTL製品のコストは熱効率が大きく影響する。熱効率は，GTL製品の熱量／(原料ガス＋燃料ガスの熱量) と定義され，熱効率を改善するためには，製品得率の向上，燃料・原料ガスを削減する必要がある。GTLプラントは，GTL製品の回収率の向上と燃料ガスの削減のために徹底した熱回収に留意した設計が行われる。

GTLプラントは，詳細設計に約20ヶ月，現地工事に約24ヶ月要し，EPC (Engineering Procurement and Construction) 契約締結後30ヶ月で試運転完了する建設スケジュールとなっている。

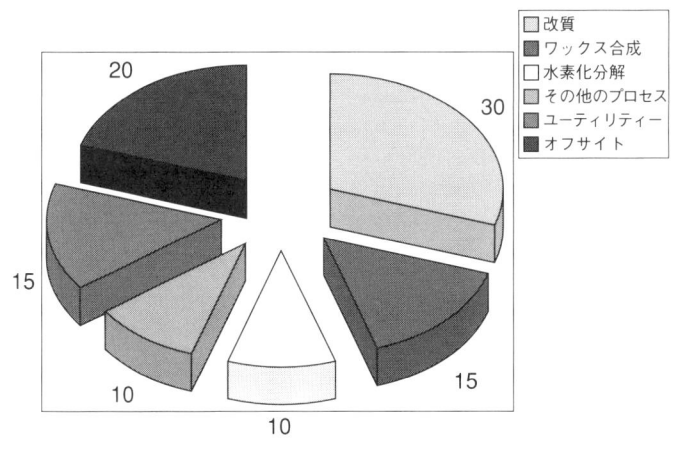

(出所) Study yield generic, coastal-based GTL plant : OGJ/ Mar. 12, 2001

図7－10　GTLプラントコストの内訳

(3) GTL事業化計画の動向

1990年代後半から世界各地で次々とGTLプロジェクトが名乗りを上げている（図7-11）。多くのプロジェクトは，GTL技術の保有者が中心となって進めている。FT合成油についてはマレーシアで実績があるShell，南アフリカで実績のあるSasolが各国でFS調査を進めている。Exxon Mobilも独自に技術の開発を行っている。DMEについては，かつてはBP（インド）も取り組んでいたが中断しており，現在は日本勢（日本DMEとDMEインターナショナル）のみが検討を進めている。

特に，天然ガスの確認埋蔵量がロシア，イランに次いで世界第3位を誇るカタルで，複数のGTL事業化計画が進められている。最も具体化の兆しを見せているのは，同国の公社であるカタル石油（出資比率が51%）と南アのサソール（同49%）の合弁事業で，ラスラファンのLNG基地の隣接地に，サソールの技術を用いて34,000バレル／日のFT合成油を製造するというものである。得られる製品は，軽油が20,100バレル／日，ナフサが9,000バレル／日，LPGが1,000バレル／日で，投資額は8億ドル，2005年の稼働を目指すとしてい

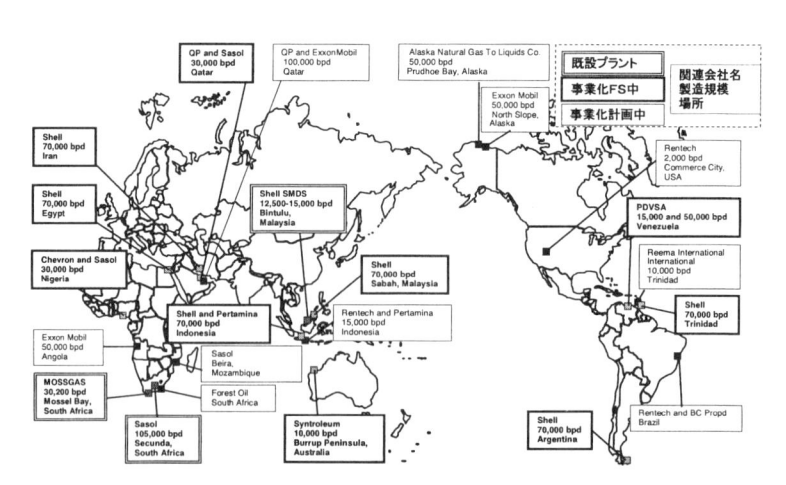

（出所）森田裕二：「天然ガスからの液体燃料の市場性について」，IEEJ2001年11月

図7-11　世界のGTL（FT合成）プロジェクト

る。すでに2001年7月に，3,000万ドルのエンジニアリングとデザイン業務の発注を行い，現在はプロジェクト・ファイナンスも完了したと伝えられている。さらに，シェルも140,000バレル／日（70,000バレル／日×2系列）のGTLプラントを建設すると発表している。

2．燃料電池の動向

(1) 燃料電池の利点

燃料電池の原理は，電気分解の逆の反応で，水素と酸素（一般的には空気中の酸素）が反応し電気と熱が放出されるもので，1839年にイギリスの物理学者グローブ卿によって発見された。燃料電池の構造はとても簡単で，セルと呼ばれる陰極／電解質／陽極の3層から構成される。水素は陰極に送られ，酸素は送られ，電解質で水素が分離し陽極に移動して水を生成する。電子は電解質を通れないため，両極間で電位差が生じ両極を燃料電池外で繋ぐと電気が流れる（図7-12）。燃料電池の各セルの厚みは約2mmで，発生する電圧は約1Vと極めて小さいため，数百個のセルを直列に繋いで使用する。また，作動時の内部抵抗により発熱するため，外部に熱を排出する必要があり，電気と併せて熱も取り出すことができる。電解質としては，様々なものがあるが，現在，最も開発が進められているのは，高分子膜を電解質とする「固体高分子形燃料電池」である。高効率という従来からの燃料電池の特性に加え，近年，固体高分子形燃料電池の出力密度が飛躍的に向上し，小型化，低温作動（作動（発電）温度が100℃以下と燃料電池の中で最も低い）が可能となった。これにより，自動車への搭載が可能となり，定置型燃料電池以外にも用途が拡大した。さらに，1998年にダイムラー・クライスラーが2004年までに燃料電池自動車を実用化すると発表したことを契機に，産官学挙げた開発競争が激化した。

燃料電池のメリットとしては，以下が挙げられている。

＊エネルギー効率が極めて高い

内燃機関は，化学エネルギー（燃料）を，燃焼させ熱に変換した後で動力や

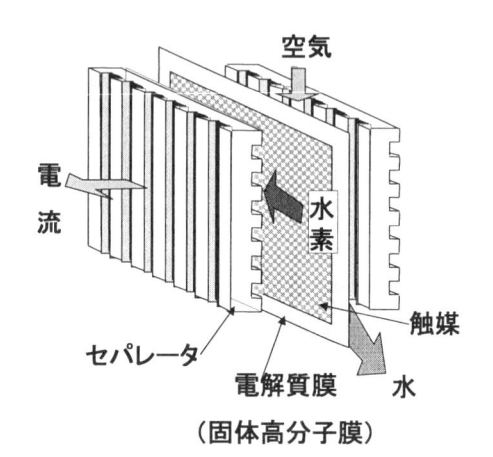

(出所）経済産業省他（2002）：「燃料電池プロジェクトチーム資料」
図7－12　燃料電池の原理

電気に変換する。一方，燃料電池は，水素と酸素を電気化学的に反応させ電気エネルギーを取り出すため，高効率発電の可能性がある。自動車の場合，ガソリン内燃機関の効率が15～20％くらいであるのに対して，燃料電池自動車の効率は30％以上と言われている。ただし，燃料電池は各種の2次エネルギーを原料として製造される「水素」を燃料とするため，エネルギー効率は，燃料製造過程を加味して議論することが重要と考えられる。

定置型燃料電池の場合，エネルギー需要地に近接した場所で発電するため，大規模集中型電源からの送電に比べてエネルギー損失が極めて小さいこと，発電の際に発生する熱も利用可能であるため，従来の系統電力と比べて高い効率が期待できる。

＊排出ガスがクリーン

燃料電池は，水素と酸素から発電するため，発電過程においてはゼロ・エミッションである。化石燃料から水素を作る場合には，CO_2が発生するが，従来の熱機関と比べ効率が高い分，CO_2の発生は抑えることができる。さらに，

将来的には再生可能エネルギーから水素を作る場合は、ゼロ・エミッションとなる。

＊エネルギー供給源の多様化

燃料電池の燃料となる水素は、天然ガス、メタノール、GTL、ガソリンなどの様々な化石燃料から作ることができる。さらに、バイオマス、太陽光、風力といった再生可能エネルギーから発電した電気を元にした電気分解からも製造可能である。従って、燃料電池が実用化されれば、エネルギー供給源の多様化に大いに貢献するものと考えられる。

(2) 燃料電池の実用化に向けた課題

政府は、燃料電池の実用化・普及に向けたシナリオとして以下を提案している（図7−13）。燃料電池の実用化・普及に向けて、解決すべき主な課題は以下のとおりと言われている。

基本性能の向上

燃料電池の基本性能の向上に関する課題は、以下のとおりである。

＊燃料電池スタック関連：出力密度の向上、耐久性の向上（自動車用5,000時間以上かつ起動停止3〜6万回／10年、定置用40,000時間以上）他

＊改質器関連：耐久性の向上、サイクル寿命の向上、起動性・負荷追従性の向上、小型化・軽量化、自動車用ガソリン改質器の開発、定置用の熱効率向上他

＊自動車用水素貯蔵技術関連：乗用車において1充塡の航続距離が500km以上となる水準を目標とし、そのために必要な水素5kgを貯蔵しうる貯蔵技術が必要である。

現在の主流である圧縮水素方式は、現行の35MPaから更なる高圧化（70MPa）が必要で、部品メーカーを中心に検討が始まっている。高圧水素貯蔵以外の方式では、GMが採用している液体水素方式があり、停車中に蒸発により発生するボイルオフガスを低減する対策が必要である。

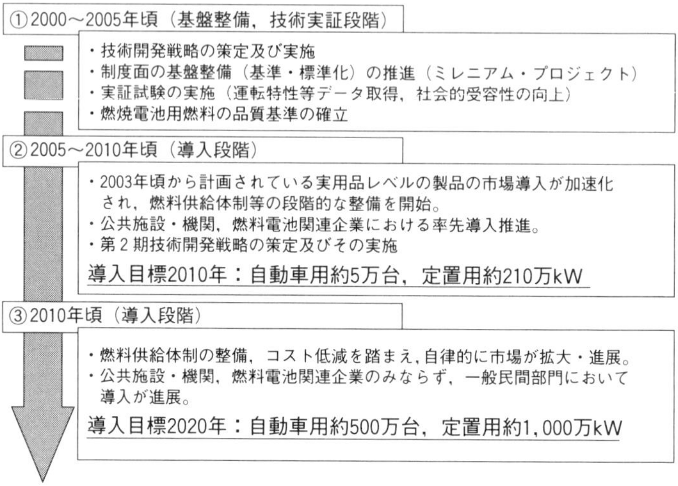

```
┌─────────────────────────────────────────────────────────┐
│ ①2000～2005年頃（基盤整備，技術実証段階）                │
└─────────────────────────────────────────────────────────┘
   ┃  ・技術開発戦略の策定及び実施
   ┃  ・制度面の基盤整備（基準・標準化）の推進（ミレニアム・プロジェクト）
   ┃  ・実証試験の実施（運転特性等データ取得，社会的受容性の向上）
   ┃  ・燃焼電池用燃料の品質基準の確立
┌─────────────────────────────────────────────────────────┐
│ ②2005～2010年頃（導入段階）                              │
└─────────────────────────────────────────────────────────┘
   ┃  ・2003年頃から計画されている実用品レベルの製品の市場導入が加速化
   ┃    され，燃料供給体制等の段階的な整備を開始。
   ┃  ・公共施設・機関，燃料電池関連企業における率先導入推進。
   ┃  ・第2期技術開発戦略の策定及びその実施
   ┃   導入目標2010年：自動車用約5万台，定置用約210万kW
┌─────────────────────────────────────────────────────────┐
│ ③2010年頃（導入段階）                                    │
└─────────────────────────────────────────────────────────┘
   ┃  ・燃料供給体制の整備，コスト低減を踏まえ，自律的に市場が拡大・進展。
   ┃  ・公共施設・機関，燃料電池関連企業のみならず，一般民間部門において
   ┃    導入が進展。
   ▼   導入目標2020年：自動車用約500万台，定置用約1,000万kW
```

(出所) 経済産業省他（2002）：「燃料電池プロジェクトチーム資料」

図7－13　燃料電池の実用化・普及に向けたシナリオ（経済産業省）

経済性の向上

燃料電池の普及にあたっては，経済性の向上が不可欠である。

自動車用：燃料電池自動車がその普及時期において既存の乗用車クラスのガソリン自動車と同程度のコストを達成することが必要である。

さらに，燃料電池自動車の普及のためには，燃料供給施設の経済性を向上させ，合理的な価格で燃料供給を可能とすることが不可欠である。このため，燃料供給施設の規模や施設，水素原燃料の輸送も含め，燃料供給インフラの整備を官民挙げて進めていくことが必要である。

定置用：固体高分子形燃料電池（PEFC：Polymer Electrolyte Fuel Cell）によるコージェネレーション発電システムは，発電した電気はインバーターを介して通常の電気機器に供給されるとともに，回収される熱は，60～70℃の湯として貯湯槽に回収・貯蔵され，風呂，台所の給湯，床暖房などに使用される。従って，固体高分子形燃料電池の効率は，廃熱の有効利用いかんにかかっている。

湯量は1kWの発電で1分間に0.4l（湯温60℃換算）程度とされ，1日の発電量を15kWhとすると約630l（湯温40℃換算）の湯量となる。

コスト目標は，家庭用では既存の給湯器と系統電源を合わせたものと同程度のコストを達成すること，業務用では，ディーゼル発電機やマイクロガスタービンなど既存の分散型発電装置と同程度のコストを達成することが必要である。

* 家庭用システム価格：30万円／台以下
* 業務用システム価格：15万円／kW以下
* ランニング・コスト：発電時に発生する熱を有効利用することにより，削減される燃料費（累積）で追加的なシステム・コストをおおむね3～5年以内に回収できる。

自動車用燃料供給インフラの整備

燃料電池自動車の普及には，燃料の選定・規格化と燃料供給インフラの整備が必要である。すでに実用化されているクリーンエネルギー自動車であるハイブリッド自動車と天然ガス自動車の普及状況を見てもわかるとおり，燃料供給インフラの整備状況が自動車の普及を左右する。特に，水素という新たな燃料を使用する場合は，ガソリン自動車，ガソリンインフラという既存の選択肢と競争・協調しつつ，いかにして市場においてインフラ整備と燃料電池自動車の量産化の好循環を実現させるかが重要であり，そのためには既存の燃料供給インフラ（ガソリンスタンド網）を活用しつつ水素供給インフラをどのように構築するのかが課題である。

なお，燃料電池自動車の燃料選択にあたっては，単に自動車単体の効率，二酸化炭素などの環境負荷物質の排出量のみで判断することなく，1次エネルギー資源から複雑多様な燃料パス（チェーン）を経て最終的な自動車使用に及ぶ総合エネルギー効率及び安全性などについて，客観的かつ正確に評価することが重要である。また，これは地域条件をはじめ，使用条件，目的などに依存するところが多く，さらに，技術の進歩に応じて相対的な優位性は容易に変化するので，これらの状況を総合的かつ的確に把握して将来の燃料選択を的確に

行うことが要請される。

[参考文献]

石油鉱業連盟『石油開発技術のしおり』.
在原典男 [2001]『日本エネルギー学会誌』80(5), 325.
石油鉱業連盟 [1997]『石油・天然ガス等の資源に関するスタディー』.
経済産業省・資源エネルギー庁 [2001]『天然ガス政策の在り方に関する報告書』.
市川　勝 [2003]『天然ガスの高度利用技術』, ㈱エヌ・ティー・エス.
日本エネルギー経済研究所 [2003]『エネルギー経済統計要覧』.
飯塚英正 [1996]『エネルギー新技術体系』㈳日本伝熱学会編.
日本エネルギー学会 [2001]『日本エネルギー学会誌』.
Hung, W. S. Y. [1977] ASME Paper, 77-GT-16, American Society of Mechanical Engineers.
経済産業省・資源エネルギー庁 [2000]『天然ガス小委員会資料』.
森田裕二 [2001]『天然ガスからの液体燃料の市場性について』IEEJ.
OGJ [2001] Study yield generic, coastal-based GTL plant, Mar. 12.
経済産業省他 [2002]『燃料電池プロジェクトチーム資料』.
経済産業省・資源エネルギー局 [2001] 天然ガス政策の在り方に関する報告書.

むすび

　現在，世界各国はグローバル化する国際経済に国内経済を適応させていかなければならない状況にある。それは，各国の対外経済関係，マクロ経済，ミクロ経済に及ぶ課題であり，天然ガス産業もそうした枠組みの中で事業展開を図らざるをえないし，また，そうした枠組みに適合しうるエネルギー産業に変貌してきた。本研究で天然ガス産業をグローバルな視角から分析したのも，こうした現状を踏まえてのことである。

　本書第3章でも言及されているように，1930年代の大不況期にアメリカでは独占規制，業界区分の明確化，さらには中小企業保護政策が強化された。1920年代に大企業が業種の境界を越えて過大な投資を行ったことが不況を深刻化させた一大要因であり，中小企業は大不況に直面してその犠牲になった，と考えられたからである。

　1930年代初頭にアメリカの天然ガス産業では垂直統合化した大手4社の上流部門における生産量のシェアは16%でしかなく，多数の中小産ガス業者が存在していた。しかし，州際幹線パイプライン輸送では大手4社が56%のシェアを保持し，配給部門での販売量では60%のシェアを保持していた。

　かくて，1935年の公益事業持株会社法でパイプラインも公共輸送機関（common carriers）であると定められた。1938年に成立した天然ガス法では州際パイプライン輸送の自然独占と，それに基づく州際販売の独占による弊害を抑えるべく，これらの事業が連邦規制の対象となった。上流部門で操業していた多数の産ガス業者は州政府や州内公的機関が実施する生産調整政策，価格安定化政策によって保護された。このように，連邦政府が（自然）独占を規制し，州ベースで中小企業を保護すると言う2面性をもった産業規制が戦後に持ち越されることになる。

　1930年代に国際経済はブロック化し，近隣窮乏化政策も行われ，ついには，

軍事情勢も険しくなった。天然ガス産業はまだローカルな産業であったが，石油や石炭などのエネルギー政策にも軍事色が一段と強まり，エネルギー産業に対する国家介入が強まる。

　第2次大戦後の欧米諸国では完全雇用，対内均衡の達成が経済政策の最重要課題となった。1930年代に実施された産業規制は，この最重要課題を実現するのに適合した施策である，と判断された。イギリスやフランスでは政府の産業界への進出がさらに強化され，エネルギー産業を含む重要産業が国有化されて，混合経済体制が築かれる。ナチス統制経済の再現を嫌った西ドイツでは産業国有化政策は採られなかったが，社会的市場経済が標榜され，中小企業は手厚く保護された。天然ガス産業の配給部門で多数の中小企業が存続したのはこのためでもあった。

　国際経済面では，その再建を目指してGATT体制の下で段階的に貿易の自由化が進められた。また，国際貿易の拡大を促すべく，ブレトン・ウッズ体制（IMF体制）の下で経常取引のための為替取引制限が原則禁止され，撤廃されてゆく。しかし，人為的な固定為替レート制の維持を容易にするために，アメリカ以外の法定平価を維持する義務を負った国は国際資本取引を規制した。1950年代には自由な国際資本取引を認めていたアメリカも，1960年代に入ってドル危機が進展するとともに国際資本取引を規制した。

　戦後は先進国においてすら，このように基幹産業が国有化されたり，自然独占化しやすいと考えられた産業では規制が継続され，対外経済では国際資本取引が規制されていたから，内外経済にわたって自由な市場原理に基づく資源配分や所得分配は制約されていた。天然ガス産業も国有化されたり，許認可制が適用されてコスト・ベース（総括原価方式）による価格決定方式が採られたから，数量調整を主とし，価格調整を従とする需給調整が行われた。

　このような市場環境の下で，完全雇用，対内均衡を優先的に達成すべく，マクロ経済政策ではケインズ的な裁量的財政政策とそれを補完する金融政策が実施され，経済成長の持続が図られることとなる。ヨーロッパでは戦後の社会民主党系政権の下で，アメリカでは1960年代初頭に登場したケネディ政権の下で

目的意識的にケインズ的な政策手法が採り入れられた。

しかし，自由な市場原理に基づく効率的な資源配分や所得分配が内外経済にわたって制約されていた市場環境の下で長期間にわたって経済成長の持続が図られたために，アメリカでは1960年代末にインフレが高進した。初期インフレ対策としては所得政策などの価格規制政策が実施されたが，人為的な価格規制政策によってインフレを抑え込むことはできなかった。インフレ時に価格の上昇を法的に規制すれば，供給はかえって抑制され，規制期間後の価格上昇を見越した仮需も発生し，資源配分や所得分配はさらに歪められた。

エネルギー消費大国であり石油純輸入国であるアメリカでインフレが高進したにもかかわらず，石油産業や天然ガス産業では井戸下価格規制によって価格の上昇が抑えられていたから，上流部門では生産が拡大せず，仮需の発生した下流部門の市場では価格が上昇した。かくて，アメリカ国内でまずエネルギー危機が発生し，それが1973年に国際的な石油危機を発生させる一大要因になった。

また，インフレの高進によってドル危機が深刻化したために，1971年にアメリカはついに公的な金・ドル交換を停止した。戦後の国際通貨体制となったブレトン・ウッズ体制は崩壊し，1971年末のスミソニアン体制も短命に終り，変動相場制に移行する。その結果，国際資本取引を規制しておく必要がなくなり，アメリカは1974年にその規制を撤廃した。この措置は，石油危機直後の世界的な不況期に採られたためにあまり注目されなかったが，1980年代に国際経済をグローバル化させていく重要な契機となる。

国際経済のグローバル化とは国際貿易と国際資本取引の双方の自由化が同時に進展することを指し，資源配分と所得分配が国内に偏重されず，より広範囲な内外経済にわたって行われることを意味している。そのためには，GATT体制の下で貿易の自由化範囲が段階的に拡大され，国際資本取引規制が撤廃され，さらには，1980年代初頭にアメリカで国内金融規制が撤廃されて，内外市場を比較考量した自由な金融取引が可能になるのを待たなければならなかった。貿易の自由化には遅れたが，1980年代後半には内外金融規制の撤廃がヨー

ロッパ諸国やその他国にも及び，国際経済はグローバル化した，と認識されるようになる。

規制を強化することではインフレを克服しえなかったアメリカでは，1970年代末に至ってスタグフレーションの克服が経済政策の最重要課題となり，カーター政権の末期には市場の価格調整機能を回復すべく，段階的に規制が撤廃されることとなった。1981年に登場したレーガン政権は金融業，エネルギー産業，運輸・通信産業などにおける規制の撤廃を急いだ。裁量的財政政策を補完する政策と位置付けられてきた金融政策は，連銀による自立的な物価安定化政策へと役割が転換され，インフレ抑制に大きく貢献することとなる。

マクロ経済指標から判断すると，1970年代以降のアメリカ経済は生産性が向上せず，したがって，国民の生活水準が向上しない，「期待喪失の時代」（P. R. クルグマン）にあった。しかしながら，国際資本取引規制の撤廃と1970年代末から実施された産業規制改革の進展によって，アメリカでは内外経済にわたって市場原理がより貫徹するようになる。

競争力を失った労働集約的な在来型産業はメキシコやアジア諸国に生産拠点を移す動きを強めた。在来型産業でも研究開発力の必要な産業や集積力の必要な産業では競争力の回復が可能であった。これらの産業では海外の優れた生産方式が導入され，高品質部品が輸入され，外国企業の積極的な進出と相俟って，産業の再構築（リストラクチャリング）が進められた。こうして競争力を回復した産業はグローバルな事業展開を改めて強めてゆく。

また，労働力や資金の配分が効率化したために，新規産業の起業も容易になり，情報産業やその他の新規サービス産業などが成長してゆく。天然ガス産業の再構築は本書の第3章で分析されているとおりである。かくして，比較優位構造は変貌を遂げ，非輸出産業でも合理化，効率化が進み，1990年代にアメリカ経済は「期待喪失の時代」から脱却する。

日本では国際資本取引の自由化は1980年代初頭にアメリカから受けた外圧を契機に漸進的に実施された。国内経済の規制改革は1991年からの不況が長期化するに及んで，不況期のコスト削減策として実施されるようになる。本書第5

章の考察で明らかなように，電力，都市ガス産業における規制改革は1990年代半ば以降に着手される。しかし，マクロ経済政策の発動によって不況は克服されると考えられ，グローバル化した国際経済への適応，ミクロ経済レベルでの不良債権処理や構造改革は後回しになり，結果的に不況は長期化した。

グローバル化した国際経済への適応や規制改革の実施が問われているのは先進諸国だけではない。アジアの新興市場諸国は1970～80年代に輸出志向型の経済成長を実現したが，輸入代替産業や金融業などを保護してきた。輸出志向あるいは対内直接投資主導による高度経済成長の持続は対外経済関係の自由化や規制改革を促すことになるが，その進展は緩慢であった。

1997～98年にタイ，マレーシア，インドネシア，韓国などの国々が通貨危機に陥り，IMFから緊急融資を受け入れ，その際に厳しいコンディショナリティーを付けられた。金融，財政政策によるマクロ経済の引締め，国際資本取引の自由化範囲の拡大，規制改革の断行などである。このコンディショナリティーの厳しさには内外から批判が高まり，韓国ではこの通貨危機がIMF危機とまで呼ばれた。しかし，これら諸国は，このコンディショナリティーのほとんどすべてを受け入れた。その結果，短期的に経済は鋭く落ち込んだものの，マクロ経済は1999年に入って回復してゆく。

通貨危機直後に為替レートが急落したために輸出が拡大し，輸入が抑制されて，経常収支が黒字化するとともに，厳しいコンディショナリティーの実施によって国内経済構造が急速に変貌してゆく。国際資本取引範囲の拡大によって対内，対外投資が活発化し，不良債権処理や過剰資本処理が徹底化され，エネルギー産業でも民営化や規制改革が推進された（本書第6章参照）。通貨危機以前に行われてきた闇雲な産業育成，経済開発，高度経済成長政策は退けられた。その結果，比較優位構造は情報産業などへの特化を強め，非輸出産業の合理化，効率化も進展した。こうして国内経済に対する信頼が回復し，為替レートの下落による輸出拡大のみならず，国内消費も拡大して，マクロ経済成長は安定化した。

1990年代の長期不況期における日本での構造改革，規制改革よりも，通貨危

機を契機としたアジア新興市場諸国における構造改革，規制改革のほうが迅速であり，徹底していた。それは，外貨準備が枯渇してIMFの融資，コンディショナリティーを受け入れざるをえなかったことや，インドネシを別にすればアジア新興市場諸国の政治家や企業経営者のほうが日本の政治家や企業経営者よりも総じて時代認識が的確で，リーダーシップがあったからである。つまり，国際経済のグローバル化への適応，迅速な金融機関の不良債権処理，危機以前から部分的に着手されていた規制改革の徹底化なくして，経済の再建，国民の生活水準の向上はありえないことをよく理解していたのである。

政治的なガバナンスの違いは構造改革や規制改革の進捗状況に大きな影響を及ぼす。様々な経済利害グループが自民党1党に集中し，その長期政権が続いている日本では政治的リーダーシップが発揮されにくい。1党独裁体制が続き，いまや実業家グループをも取り込みつつある中国共産党も同様であり，政治的リーダーシップが発揮されにくく，構造改革，規制改革は漸進的である。その結果，両国では巨額な財政赤字が将来世代に付け回されようとしている。

国際経済のグローバル化とそれに国内経済を適応させるための規制改革は，経済が成熟した先進国にとっても，成長力のある新興市場諸国にとっても，あるいは移行経済諸国や所得水準の低い発展途上国にとっても不可避なことである。それを無視して閉鎖的な経済体制の下で国民の生活水準を向上させることは困難だからである。

天然ガス産業は国際貿易を拡大し，規制改革を行い，技術革新を進め，天然ガスが相対的にクリーンなエネルギーであることの強みを発揮しつつ，国際経済のグローバル化，国内経済の効率化という時代の要請に適合するエネルギー産業に変貌してきた。

19世紀末の植民地再分割時代から世界大戦時には，国家が軍隊を投入して海外の石炭や石油を確保しようとした。社会主義国のみならず，戦後は混合経済体制を採ったヨーロッパ諸国もエネルギー産業を含む重要産業を国有化した。1973年と79年の石油危機時にはエネルギー安全保障の考えが消費国側でまた強まり，エネルギー節約政策，代替エネルギー開発政策，産油国との政府間石油

取引,海外資源開発への公的資金投入などが実施された。

しかし,グローバル化,規制改革時代を迎えて,国有企業の民営化が先進国,新興市場諸国,移行経済諸国の天然ガス産業を含む重要産業で進められている。国有企業の民営化は財政再建の観点から着手されたケースが多いが,現状では国有企業の非効率性や資源開発への国家資金投入の非採算性が明らかとなり,民間企業の活力を生かそうとする考えが広がりつつある。つまり,財政再建のための民営化から効率化,コスト削減を目指した規制改革のための民営化に目標が変化してきているのである。

天然ガス,石油,石炭などの資源は世界の特定地域に遍在しているが,グローバル化時代にあってエネルギー安全保障を高めるためには,自由なエネルギー貿易を多角的に拡大することが何にもまして重要である。現状では石油の追加発見量よりも天然ガスの追加発見量のほうが大きく(本書第2章参照),天然ガスの国際貿易も拡大傾向にある(本書第1章参照)。天然ガス利用に対する国際的な信頼性は高まっているのである。

しかし,天然ガスの埋蔵量が相対的に多く賦存しているロシア(移行経済国)や発展途上国では,その開発資金や技術が不足しいる。しかし,グローバル化時代の現在では,商業ベースの事業活動の安全が確保されるならば,自由に世界のどの産ガス国にも大規模に資金は移動し,技術は移転してゆく。

技術革新は競争を促し,規制改革を行いやすくする傾向がある。アメリカの通信産業では移動体通信などの技術革新があって新規参入が容易になり,そのことが規制改革を促進させた。同国の金融業でもインフレ期に規制対象外の新金融商品が開発され,それによって既存の規制効果が減退し,規制改革に勢いが付いた。天然ガス産業でもガス・コンバインド・サイクルやコージェネレーションなどの新技術の導入が競争を促し,規制改革を前進させた。

しかし,天然ガスの調達構造は消費国によって多様であるから,そのことが規制改革の進捗状況に国別に差をもたらす一大要因になっている。アメリカのように国内に多数の産ガス業者が存在していれば,規制改革によってパイプライン網へのサード・パーティー・アクセスが認められると,上流部門側からも

競争が促進される。そして，多数の買い手の存在と相俟って，パイプラインの結節点（ハブ）に自由な裁定取引市場が成立する。

パイプラインで天然ガスが供給されていても，たとえば，イタリアのようにアルジェリアの国営石油会社であるソナトラック1社からの輸入が50％前後を占め，LNGもソナトラックからの輸入が95％に達しているような場合には，EU主導の規制改革が進められても，テイク・オア・ペイ条項付き長期契約の内容が早期に大きく変ることはなく，天然ガスの取引関係は漸進的にしか変化していない。イタリアの天然ガス市場は，相変わらずアルジェリアの売り手市場になっているからである。

第1章で分析されているように，国際LNG市場はまだ基本的には売り手市場である。しかし，技術進歩によるコスト低下，輸出国数の増大，輸入国での規制改革の進展によるコスト削減意識の高まりなどによって，契約期間が部分的に短縮化され，スポット取引や裁定取引も出現し，地域的に分断化されていた市場が緩やかに国際的に統合化され始めた。国際LNG市場の環境も徐々に弾力化しつつあるのである。

エネルギー政策には多様な意味が込められてきたことも，規制改革の進捗状況に国ごとに差をもたらしている大きな原因である。法的な措置の変更による規制改革によって天然ガス産業で競争が促進される契機が与えられたとしても，天然ガス以外の1次エネルギー供給が政策的に支援されていれば，天然ガス産業における規制改革の狙いである競争促進効果は発揮されにくい。フランスにおける原子力偏重の電力供給政策，ドイツにおける雇用維持，中小企業保護を目的とした石炭産業保護政策などがその典型例である。

また，労働市場が非弾力的である場合には産業構造の変化は一般的に遅くなる。日本の終身雇用制には労働者の定着率を高める効果があるから，生産性が向上している成長期には企業経営にとって有効な雇用方法である。しかし，市場から退出すべき生産性の低い企業から生産性の高い企業に労働を移動させなければならない場合には終身雇用制は不向きである。規制改革が進められても労働市場が非弾力的であると，その競争促進効果は発揮されにくい。アメリカ

では労働者がしばしばレイオフされるが，主要先進国のなかでは失業期間が最も短い。つまり，労働市場が弾力的であり，労働移動を発生させるような規制改革でも実施しやすい。

　ヨーロッパ大陸諸国では手厚い福祉政策や失業救済政策が労働移動を阻害し，高失業率をもたらしている一因になっている。このような非弾力的な労働市場の現状も競争の促進を狙いとする規制改革の矛先を鈍らせている。

　規制改革によって競争が促進されれば，天然ガス産業などの市況産業では価格が変動的になる。したがって，産ガス業者や大口需要家には価格変動を金融的手段によってヘッジしようとする動機が発生する。しかし，金融当局が金融派生商品などの利用を規制していればヘッジ市場はなかなか形成されない。日本や大陸ヨーロッパ諸国でヘッジ市場が早期に育たなかったのは，こうした金融規制や金融機関の経験不足のためでもあった。

　このように世界各国のエネルギー需給構造，エネルギー政策，労働市場や金融市場を含む経済構造などは多様であるから，法的措置によって天然ガス産業で同様な規制改革が実施されても，その後の市場構造には国ごとに差が見られる。

　本書の考察で明らかなように，技術革新，規制改革の進展は地域限定的であった天然ガス産業をグローバルに発展させる重大な契機となってきた。さらに，相対的にクリーンなエネルギーである天然ガスの利用が，負の外部経済である地球環境問題の急激な深刻化を抑制している。このことは，石炭消費が多かったイギリスやドイツですでに実証済みであり，中国やインドなどの大石炭消費国でも天然ガス利用による環境保全効果が期待されている。燃料電池やGTLなどの新たな革新的な技術もすでに実用化開発段階にあり，天然ガス産業のグローバルな挑戦は，今後，中長期的にさらに活発化するものと考えられる。

　　2004年2月

　　　　　　　　　　　　　　　　　　　　　　　　　　　　小島　直

〈付録〉天然ガスに関連する単位換算

[重量]
1メトリック・トン(Mt, またはt)＝1,000キログラム(kg), 2,204.6ポンド(lb)

[容量]
1立方メートル(m^3)＝1,000リットル (L), 6.289バレル (bbl), 35.3147立方フィート (ft^3, または cft)
1 ft^3＝0.0283m^3, 0.1781bbl, 23.8L
1 bbl＝5.615ft^3, 159L, 0.159m^3

[熱量ベースによる簡易換算率]
○厳密に言えば，天然ガスの熱量は天然ガス，LNG（液化天然ガス）の種類によって，つまり生産地，輸出地，消費地，測定時の温度や気圧などによって若干の違いがある。通常は天然ガスについては国別平均値，LNGについては摂氏15度，760mm Hgでの測定値を使う。

天然ガス10億 m^3＝　天然ガス353億 ft^3, LNG 換算73万 t, 石油換算90万 t, 石油換算629万 bbl, 36兆英国熱量単位（Btu）

天然ガス10億 ft^3＝　天然ガス2,800万 m^3, LNG 換算2万1,000t, 石油換算2万6,000t, 石油換算18万 bbl, 1兆300億 Btu

LNG100万トン＝　天然ガス換算13兆8,000億 t, 天然ガス換算487兆 ft^3, 石油換算123万 t, 石油換算868万 bbl, 52兆 Btu

天然ガス1兆 Btu＝　天然ガス換算2,800億 t, 天然ガス換算9兆8,000億 ft^3, LNG 換算2万 t, 石油換算2万5,000t, 石油換17万 bbl

石油100万 t＝天然ガス換算11億1,100万 t，天然ガス換算392億 ft^3，LNG 換算80万5,000t，石油換算733万 bbl，40兆4,000億 Btu
石油100万 bbl＝天然ガス換算1億6,000万 t，天然ガス換算56億1,000万 ft^3，LNG 換算12万 t，石油換算14万 t，58兆 Btu

出所：IEA, *Natural Gas Information, 2002*, *BP statistical review of world energy June 2003*，日本エネルギー経済研究所計量分析部編『エネルギー・経済統計要覧』(2003年版，財団法人省エネルギーセンター)。

執筆者紹介

第1章　小島　直（こじま・なおし）
　　　　専修大学経済学部教授

第2章　中村玲子（なかむら・れいこ）
　　　　神奈川大学経済学部非常勤講師

第3章　西村伸吾（にしむら・しんご）
　　　　新日本石油株式会社　総合企画部政策グループマネージャー

第4章　岩場　新（いわば・あらた）
　　　　東京電力株式会社　燃料部主任

第5章　五明亮輔（ごみょう・りょうすけ）
　　　　東京ガス株式会社　総務部文書グループ

第6章　武石礼司（たけいし・れいじ）
　　　　株式会社富士通総研　経済研究所上席主任研究員

第7章　塚越正巳（つかごし・まさみ）
　　　　コスモ石油株式会社　事業開発部担当グループ長

天然ガス産業の挑戦──伸びゆく各国の動向とその展望

2004年3月30日　第1版第1刷
2006年3月20日　第1版第2刷

著　者　小島　直，中村玲子，西村伸吾，岩場　新，
　　　　五明亮輔，武石礼司，塚越正巳
発行者　原田敏行
発行所　専修大学出版局
　　　　〒101-0051　東京都千代田区神田神保町3-8-3
　　　　　　　　　　㈱専大センチュリー内
　　　　電話　03-3263-4230(代)
印　刷
製　本　電算印刷株式会社

Ⓒ Naoshi Kojima et al. 2004 Printed in Japan
ISNB 4-88125-145-7

サイバー犯罪とその刑事法的規制
　—コンピュータ情報の不正入手・漏示に対する法的対応をめぐって

岡田好史　　　　　　　　　　　　　　　　　　A5判　本体2,800円

インターネットの脆弱性につけこむ犯罪にどう対処すべきか。最新の技術動向に基づき、人的・技術的対策と法律がカバーすべき領域を検討し、インターネット社会のセキュリティ問題を考察する。

日本の経済発展における政府の役割
　—産業政策の展開過程の分析

雷新軍　　　　　　　　　　　　　　　　　　　A5判　本体5,600円

政府による市場への介入はどの程度有効なのか。日本の産業政策に焦点をあて、明治から現代に至る長期的視座から、政府の果たしてきた役割を問う。独禁法による競争政策や自動車産業の発展も詳述。

◎専修大学社会科学研究所　社会科学研究叢書◎　　A5判上製

①グローバリゼーションと日本
　専修大学社会科学研究所　編　　　　　　　　　　　　本体3,500円

②食料消費のコウホート分析—年齢・世代・時代—
　森宏　編　　　　　　　　　　　　　　　　　　　　　本体4,800円

③情報革新と産業ニューウェーブ
　溝田誠吾　編著　　　　　　　　　　　　　　　　　　本体4,800円

④環境法の諸相—有害産業廃棄物問題を手がかりに—
　矢澤昇治　編　　　　　　　　　　　　　　　　　　　本体4,400円

⑤複雑系社会理論の新地平
　吉田雅明　編　　　　　　　　　　　　　　　　　　　本体4,400円